ELEFANTE
OUTRAS**PALAVRAS**

OUTRASPALAVRAS

conselho editorial
Bianca Oliveira
João Peres
Tadeu Breda

edição
Tadeu Breda

revisão
Laura Massunari
Daniela Uemura

capa & direção de arte
Bianca Oliveira

diagramação
Denise Matsumoto

Ricardo Abramovay

Infraestrutura para o desenvolvimento sustentável da Amazônia

Sumário

Apresentação, **7**
Introdução, **11**

1. ODS e infraestrutura: para reduzir o abismo, **17**
2. Para além dos megaprojetos, **27**
3. O fim da era do concreto, **35**
4. Quatro pistas para repensar a infraestrutura, **41**
   - 4.1. A natureza como infraestrutura, **44**
   - 4.2. A economia do cuidado, **53**
   - 4.3. A infraestrutura do uso sustentável da sociobiodiversidade florestal, **55**
   - 4.4. Instituições, organizações e marcas de qualidade, **68**
5. Cidades, **73**

Conclusões, **81**
Recomendações, **85**
Agradecimentos, **93**
Referências, **97**
Sobre o autor, **109**

Apresentação
Infra que queremos

> Evoluída nos últimos cinquenta milhões de anos, a floresta amazônica é o maior parque tecnológico que a Terra já conheceu, cada organismo seu, entre trilhões, é uma maravilha de miniaturização e automação.
>
> — Antonio Donato Nobre,
> *O futuro climático da Amazônia*

A percepção da dimensão e da vital importância da Amazônia para a estabilidade do clima e para a biodiversidade, bem como para a sobrevivência de suas comunidades e de seu rico legado cultural, é essencial para entender a importância desta publicação, que vai muito além dos questionamentos aos grandes projetos de infraestrutura e seus impactos sobre a floresta e seus habitantes — espaço em que se concentra a maior parte dos esforços das organizações que trabalham na região.

Ao tratar das infraestruturas para o desenvolvimento sustentável da Amazônia, Ricardo Abramovay vem suprir uma ampla lacuna. Seu livro delineia caminhos consistentes para o estabelecimento de um conjunto de medidas que fomentem e viabilizem uma economia da floresta em pé. Ao mesmo tempo, responde a uma solicitação do GT Infraestrutura (grupo de trabalho nascido em 2012 e que hoje aglutina mais de quarenta organizações socioambientais) em torno da pergunta: quais as infraestruturas necessárias à melhoria da qualidade de vida das pessoas e de suas atividades produtivas vinculadas ao uso sustentável da biodiversidade amazônica?

De maneira sucinta e objetiva, o autor reflete sobre o próprio significado dessas infraestruturas e quais valores e princípios devem regê-las para que deixem de ser predatórias e "contribuam para o desenvolvimento de uma economia da sociobiodiversidade florestal, da agricultura familiar, das cidades e até da produção de commodities agropecuárias". A conclusão é que, na Amazônia, é fundamental e urgente redefinir o que se entende por infraestrutura. Nesse contexto, o estudo se alinha aos Objetivos do Desenvolvimento Sustentável (ODS) e ao Acordo de Paris, bem como à visão de mundo que surge da crise climática e da crescente desigualdade social.

Na tentativa de responder a tais desafios, a obra propõe quatro pistas. A primeira é enxergar a natureza como infraestrutura. A segunda, entender como infraestrutura também o cuidado com as pessoas. A terceira diz respeito à disponibilidade de conexão, mobilidade, saúde, educação e saneamento, além de equipamentos que permitam melhorar localmente a qualidade daquilo que se produz e se comercializa. A quarta, por fim, passa por considerar como infraestrutura imaterial o conjunto de organizações e instituições capazes de estimular a formalização dos negócios e a atuação política de associações e cooperativas.

Este livro é fundamental para estabelecer trilhas para uma nova realidade na Amazônia, sobretudo porque se apoia em ciência e tecnologia e, ao mesmo tempo, no conhecimento e nas experiências locais, incorporados a partir de consultas e conversas diretas com lideranças da região. Isso permitiu integrar a visão das populações amazônicas ("infraestrutura que queremos"), que o trabalho reflete em boa medida.

Assim, Ricardo Abramovay faz uma profunda análise conectada com a qualidade do desenvolvimento e com a crise climática, apontando os rumos de uma infraestrutura para a economia da sociobiodiversidade que deve ter como um de seus pilares centrais a ação articulada dos diferentes atores sociais da Amazônia. Para caminhar em direção a esses objetivos, seguindo essas trilhas, o estudo ainda propõe um bem articulado conjunto de recomendações.

Numa época em que o desmatamento bate recordes e o governo federal achou por bem aproveitar-se da comoção causada por uma pandemia letal para "ir passando a boiada" nas regulamentações ambientais, além de incentivar a abertura de novas frentes de mineração em terras indígenas, *Infraestrutura para o desenvolvimento sustentável da Amazônia* avança no projeto de construção de uma economia do conhecimento da natureza, tão essencial para o futuro do país — e do planeta.

SÉRGIO GUIMARÃES é secretário-executivo do GT Infraestrutura (gt-infra.org.br)

Introdução

Existe uma ampla literatura crítica sobre as infraestruturas representadas pelos megaprojetos na Amazônia. Rodovias, ferrovias, hidrelétricas, dispositivos voltados à exploração de combustíveis fósseis e de minérios são objeto de grande quantidade de estudos mostrando não apenas seus impactos — na maior parte das vezes, destrutivos — e custos exorbitantes mas também sua pouca eficácia em contribuir para a redução da pobreza e das desigualdades e para promover o desenvolvimento efetivo e sustentável das regiões onde são instalados.

Megaprojetos padecem costumeiramente de um viés otimista, que, como mostra o trabalho de pesquisadores da Universidade Federal de Minas Gerais (UFMG) e da Universidade de São Paulo (USP) para o Tribunal de Contas da União (Rajão *et al.*, 2020), faz com que seus proponentes inflem benefícios e subestimem custos. Os diversos estudos recentes do Climate Policy Initiative (CPI) da Pontifícia Universidade Católica do Rio de Janeiro (PUC-RJ) sobre os megaprojetos de infraestrutura na Amazônia revelam, de forma cada vez mais persuasiva, a precariedade de sua preparação e a minimização de sua área de influência — e, consequentemente, de seus impactos indiretos (Bragança & Morais, 2022).

Processos deficientes de consulta junto a atores locais ajudam a explicar por que os projetos se tornam vetores do desmatamento e da implantação de aglomerados populacionais em condições de vida degradantes (Pinto *et al.*, 2018). É abundante a literatura técnica e científica sobre os impactos destrutivos que esses grandes projetos vêm provocando na Amazônia. Felizmente, não são poucos os trabalhos indicando, com base nas demandas de organizações da sociedade civil e inspirados em inúmeros exemplos internacionais, a necessidade e a possibilidade de que os megaprojetos sejam levados adiante sob uma governança territorial que evite suas consequências nefastas.

Mais que isso, são fortes os indícios — vindos tanto dos movimentos sociais como dos investidores privados e das organizações multilaterais de desenvolvimento — de que a era dos megaprojetos na Amazônia se aproxima do fim, não só em virtude de seus impactos socioambientais destrutivos mas pelo crescente questionamento em torno de seus propósitos. Fazer da Amazônia a base logística da produção e da comercialização de commodities agrícolas é um projeto sob franca contestação global. A exigência de rastreamento da qualidade dessa produção vai incorporar, globalmente, os impactos que sobre ela exercem as infraestruturas das quais depende. Não levar tais transformações em conta é planejar uma infraestrutura cujo lugar na oferta brasileira e internacional de bens e serviços será cada vez mais estreito.

A abundância desses trabalhos críticos contrasta com a precariedade dos conhecimentos a respeito das infraestruturas necessárias à emergência de uma forte economia da sociobiodiversidade não só nas florestas mas nas áreas rurais e nas cidades da Amazônia. Ou seja: quando se trata das infraestruturas necessárias à vida das pessoas na Amazônia, especialmente dos grupos mais vulneráveis da população, nas áreas de saúde, educação, mobilidade, conectividade e acesso à energia, ou a suas atividades produtivas vinculadas ao uso sustentável da biodiversidade, os estudos são muito mais raros e, sobretudo, pouco sistematizados. Tal contraste se choca contra a tendência global em redefinir o próprio sentido da infraestrutura para o desenvolvimento contemporâneo.

Esse contraste exige o esforço de sistematizar conhecimentos e experiências em torno das infraestruturas das quais dependem não só os povos da floresta mas um conjunto de atividades da agricultura familiar, da produção de commodities e mesmo da organização urbana, e que se apoiem em ciência e tecnologia – e em conhecimentos locais – para valorizar os recursos territoriais e fortalecer os tecidos socioambientais responsáveis pelos serviços ecossistêmicos que a Amazônia presta ao mundo.

Este livro, portanto, tenta responder à seguinte pergunta: quais as infraestruturas necessárias à melhoria da qualidade de vida na Amazônia e de suas atividades produtivas vinculadas ao uso sustentável da biodiversidade?

A infraestrutura das sociedades contemporâneas será cada vez menos a ossatura e cada vez mais a inteligência do crescimento econômico. Não se trata de oferecer, de forma genérica, os bens públicos para que o setor privado possa expandir suas iniciativas, mas de moldar essas iniciativas em direção a finalidades que envolvem os dois maiores desafios contemporâneos: o avanço da crise climática e o aprofundamento das desigualdades. Que isso atinja a própria concepção do que significam e quais devem ser as infraestruturas que estão desenhando nosso destino representa imenso avanço democrático, do qual o Brasil está se distanciando.

Tão importante quanto as iniciativas voltadas a preencher as necessidades de infraestrutura das populações da Amazônia e de suas atividades econômicas ligadas ao uso sustentável da biodiversidade é a reflexão sobre o próprio sentido dessas infraestruturas e os valores ético-normativos aos quais elas devem obedecer: na discussão brasileira, latino-americana e global sobre a Amazônia, é fundamental redefinir o que se entende por infraestrutura do desenvolvimento sustentável.

Essa redefinição, porém, não se limita à Amazônia. É por isso que este estudo começa mostrando que governos, organizações multilaterais, escritórios de arquitetura e engenharia estão redefinindo a infraestrutura a partir das necessidades expostas tanto nos Objetivos do Desenvolvimento Sustentável (ODS) das Nações Unidas como no Acordo de Paris, criado em 2015 no âmbito da Convenção-Quadro das Nações Unidas sobre a Mudança do Clima. Ao mesmo tempo, este livro constata a distância entre a cultura técnica e organizacional dos responsáveis pelos projetos de infraestrutura e a visão de mundo que emerge das necessidades da luta contra a crise climática, a erosão da biodiversidade e as imensas desigualdades sociais da região.

As mudanças na visão contemporânea sobre infraestrutura envolvem quatro dimensões. A primeira é a consideração — especialmente importante para a Amazônia — da natureza como infraestrutura. A segunda é a infraestrutura do cuidado com as pessoas. A terceira refere-se a dispositivos básicos da vida contemporânea, como conexão, mobilidade, saúde, educação, saneamento, mas também a equipamentos que permitam melhorar localmente a qualidade daquilo que se comercializa; cada um desses elementos merece consideração específica, tratando-se de um território dominado pela floresta tropical. A quarta dimensão é imaterial e se compõe não apenas por marcas de qualidade e outras formas de cooperação social mas também pelos dispositivos que se voltam à legalização dos negócios e a habilidades gerenciais que permitam emancipar seus protagonistas das cadeias de dependência pelas quais habitualmente inserem seus produtos nos mercados.

Essas quatro dimensões são utilizadas aqui como quadro analítico na tentativa de responder à pergunta sobre a infraestrutura do desenvolvimento sustentável na Amazônia. A ambição não é compor um cenário completo, e sim, antes, ilustrar com exemplos práticos os valores e os princípios que devem reger o desenvolvimento de infraestruturas que não apenas deixem de ser predatórias mas que contribuam para o desenvolvimento da economia da sociobiodiversidade florestal, da agricultura familiar, das cidades e até da produção de commodities agropecuárias.

Nenhum país tem melhores condições que o Brasil de oferecer ao mundo "soluções biológicas para mitigar os efeitos da crise climática", como diz João Moreira Salles. Tais soluções abrem caminho a um modelo de crescimento econômico baseado na preservação da natureza. Isso significa, como veremos neste livro, que a floresta é a mais importante e promissora infraestrutura para o desenvolvimento sustentável. A ocupação da Amazônia — e, desde a chegada dos europeus, do conjunto do território brasileiro — tratou a floresta como obstáculo a ser vencido pelas necessidades do crescimento econômico. Isso deve ser superado.

1.

ODS e infraestrutura: para reduzir o abismo

Os Objetivos do Desenvolvimento Sustentável (ODS) oferecem o mais importante arcabouço para a análise das infraestruturas das sociedades contemporâneas. Eles se tornaram referências incontornáveis na literatura recente sobre o tema — nos documentos do G20 (Bhattacharya *et al.*, 2019a), dos bancos multilaterais (Bhattacharya *et al.*, 2019b) e das organizações globais de desenvolvimento (OCDE, 2021) — por convidarem, de forma permanente, a abordar os projetos do ponto de vista de seus impactos sobre a natureza, sobre o bem-estar social e sobre a geração e a circulação de produtos e serviços. Essa hierarquia (biosfera, sociedade e economia) está claramente definida na figura conhecida como "bolo de casamento" (figura 1), que representa os dezessete ODS de forma organicamente articulada, e não como um conjunto de metas mais ou menos independentes umas das outras.

Figura 1 — Os ODS como um bolo de casamento

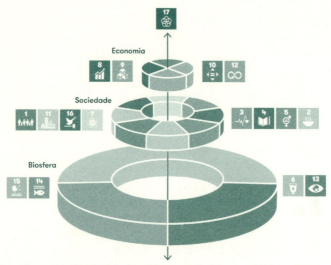

1. Erradicação da pobreza
2. Fome zero e agricultura sustentável
3. Saúde e bem-estar
4. Educação de qualidade
5. Igualdade de gênero
6. Água potável e saneamento
7. Energia acessível e limpa
8. Trabalho decente e crescimento econômico
9. Indústria, inovação e infraestrutura
10. Redução das desigualdades
11. Cidades e comunidades sustentáveis
12. Consumo e produção responsáveis
13. Ação contra a mudança global do clima
14. Vida na água
15. Vida terrestre
16. Paz, justiça e instituições eficazes
17. Parcerias e meios de implementação

Fonte: Rockström & Sukhdev (2016)

A figura mostra que a base das sociedades humanas e de suas atividades econômicas é formada pela biosfera. É ela que responde (Fücks, 2015; West, 2017; Georgescu-Roegen, 1975) pela conversão da energia solar em fontes de vida, no solo, nos oceanos, nos rios, nas florestas e no sistema climático. A ciência econômica contemporânea só muito recentemente despertou para a importância da natureza como fundamento da produção de bens e serviços, a partir da constatação de que a riqueza das sociedades atuais tem por base um ritmo de extração daquilo que a natureza nos oferece muito superior ao de sua regeneração (Dasgupta, 2021). Os eventos climáticos extremos (IPCC, 2021) e a acelerada erosão global da biodiversidade (IPBES, 2019) são os sinais de alerta em torno das ameaças de um sistema produtivo cujos espetaculares avanços tecnológicos não conseguiram, ao menos até aqui, reduzir a destruição dessas que são as bases de sustentação da própria vida (UNEP, 2021).

É por isso que a camada do bolo que representa a melhoria da vida social (erradicação da pobreza e da fome, supressão das diferentes formas de discriminação, saúde, educação, paz, energias renováveis e cidades sustentáveis) está imersa, incrustada nos objetivos que caracterizam o fortalecimento e a regeneração da biosfera. A natureza deixa de ser vista como fonte quase inesgotável de recursos à disposição das sociedades humanas (Ayres, 2008) e passa a ter, nos ODS, um papel literalmente fundamental que as ciências sociais só recentemente começaram a lhe imprimir.

Por sua vez, as atividades econômicas ganham sentido por sua inserção na sociedade: crescimento econômico, produção, consumo e infraestruturas são meios para o desenvolvimento sustentável. O crescimento deixa de ser o fim em si mesmo do sistema econômico e converte-se em meio para uma finalidade de natureza ético-normativa, sintetizada na definição de Amartya Sen de desenvolvimento enquanto processo de expansão permanente das liberdades substantivas dos seres humanos. "Se temos razões para querer mais riqueza, precisamos indagar: quais são exatamente essas razões, como elas funcionam ou de que elas dependem, e que coisas podemos 'fazer' com mais riqueza? [...] A utilidade da riqueza está nas coisas que ela nos permite fazer — as liberdades substantivas que ela nos ajuda a obter" (Sen, 2010, p. 28). Assim definido, o desenvolvimento não pode ser alcançado se a vida social tiver por base a destruição dos serviços ecossistêmicos dos quais todos dependemos.

Os ODS são importantes pela convergência global em torno dos *valores* que se tornam o ponto de partida para qualquer iniciativa social e, sobretudo, para qualquer empreendimento econômico (McDonough & Braungart, 2013). Eles rompem com a ideia de que, se houver crescimento econômico — expresso na elevação do PIB —, a sociedade estará necessariamente melhor, e insistem na importância da qualidade do crescimento econômico, ou seja, em sua real capacidade de promover bem-estar e de regenerar os tecidos socioambientais que a oferta de bens e serviços das sociedades contemporâneas tem sistematicamente degradado.

Mas a orientação geral que emerge dos ODS — e do Acordo de Paris, bem como dos documentos da Global Commission on the Economy and Climate (2016) — não se traduz, de maneira imediata, em critérios claros e distintos para os investimentos em infraestrutura. Por uma razão simples: eles não foram elaborados para isso (Krahé, 2021). A inexistência de ferramentas consagradas para aplicar o quadro normativo elaborado por diferentes acordos e organizações internacionais aos projetos de infraestrutura tem por consequência principal que as iniciativas sejam tratadas, de certa forma, caso a caso. Sua interconexão não faz parte dos dispositivos intelectuais e de engenharia que entram nos cálculos de sua viabilidade e oportunidade.

Não tem nada de trivial, então, o reconhecimento, por parte do Banco Interamericano de Desenvolvimento (BID), de que os novos instrumentos de avaliação de projetos que surgiram recentemente no mundo todo, inspirados na necessidade de responder à crise climática, à erosão da biodiversidade e ao avanço das desigualdades, "são insuficientes para criar um quadro coerente capaz de guiar investimentos e avaliar os ativos de infraestrutura sustentável" (Bhattacharya *et al.*, 2019b, p. 10). Em outro documento, o BID ressalta que "os países da América Latina e do Caribe não possuem planos de infraestrutura abrangentes. Os planos geralmente são setoriais e ignoram os vínculos e as interdependências de sistemas de infraestrutura" (Cavallo *et al.*, 2020, p. 83).

O risco daí decorrente foi claramente expresso pela Global Commission on the Economy and Climate (2014) e é retomado também em textos do G20 (Oxford Economics & Global Infrastructure Hub, 2017): o mundo terá investido em infraestrutura, entre 2015 e 2030, a estrondosa cifra de 94 trilhões de dólares. Só na América Latina será necessário, segundo o BID (2018), aumentar os investimentos em infraestrutura em algo entre 120 bilhões e 150 bilhões de dólares por ano. São reais as chances de que esses investimentos se dirijam a atividades emissoras de gases de efeito estufa e que contribuem igualmente à erosão da biodiversidade. "A infraestrutura construída no presente vai determinar nosso futuro climático. Estima-se que, globalmente, 60% das emissões de carbono provenham da construção e da operação do estoque existente de infraestrutura, e que entre 35% e 60% do orçamento carbono[1] futuro virá da infraestrutura" (BID, 2018, p. 5). Um exemplo dessas ameaças é a descoberta

---

1   Do inglês *carbon budget*, é a quantidade de gases de efeito estufa que ainda pode ser emitida para que a elevação da temperatura média do planeta não ultrapasse 1,5 °C até o final do século XXI. [N.E.]

de reservas de petróleo, gás e minérios na Guiana e no Suriname, o que está mobilizando Petrobras, Exxon, Total, Shell e Chevron, e que motivou a elaboração do Plano do Corredor Energético Arco Norte, uma rede de gasodutos vinculados a projetos industriais e à exploração de bauxita. O artigo de Ven (2022) que apresenta essa denúncia mostra a intenção de estabelecer uma "rede rodoviária conectada a um porto de águas profundas a ser instalado na Guiana, dando acesso ao Atlântico a partes do Norte do Brasil". O BID chama de *technological lock-in* [bloqueio tecnológico] a ameaça representada por instalações que, ao longo do tempo, acabarão por estimular atividades destrutivas.[2] Trabalho recente da Comissão Econômica das Nações Unidas para a América Latina e o Caribe (Gramcow, 2019) vai na mesma direção: "A infraestrutura de hoje explica a estrutura produtiva de amanhã". Ao mesmo tempo, é forçoso reconhecer que as condições climáticas de amanhã não serão as mesmas de hoje.

Relatório da Agência Internacional de Energia (AIE, 2020), por exemplo, mostra que, globalmente, 99% dos investimentos das empresas de petróleo e gás concentram-se nos produtos que convencionalmente elas já oferecem. As companhias continuam planejando expandir sua oferta de combustíveis fósseis, como se a crise climática não existisse. E essa expansão vai muito além do que a própria AIE considera necessário para assegurar a transição rumo a uma nova matriz energética.

Tais iniciativas moldam um quadro que condiciona a permanência de atividades predatórias ao longo do

[2] E é lamentável reconhecer que, apesar do avanço na visão de infraestrutura contida nos documentos do BID citados neste livro, o banco está oferecendo consultoria para o projeto predatório do Corredor Energético Arco Norte, como mostra Ven (2022).

tempo, em virtude dos investimentos nelas realizados. A precariedade de referenciais que mostrem os impactos interconectados de cada projeto, a cultura do planejamento empresarial e estatal em tratá-los de maneira autônoma uns dos outros e a carência dos instrumentos necessários para avaliar os impactos territoriais das iniciativas são apenas alguns dos obstáculos que tão frequentemente fazem da "sustentabilidade" um termo puramente retórico quando se fala em infraestrutura.

Contudo, é importante destacar um consistente movimento global que procura reduzir o abismo entre os valores contidos nos ODS e os métodos predominantes nos projetos de infraestrutura. A Finance to Accelerate the Sustainable Transition-Infrastructure (FAST-Infra), iniciativa que nasce do Climate Policy Initiative, do banco HSBC, da International Finance Corporation (vinculada ao Banco Mundial), da Organização para Cooperação e Desenvolvimento Econômico (OCDE) e da Global Infrastructure Initiative, e que reúne diversos atores governamentais e não governamentais, tem por objetivo a criação de *selos de certificação* capazes de garantir a sustentabilidade dos projetos de infraestrutura. Em novembro de 2021, após um processo de consulta pública, a iniciativa estabeleceu critérios que deveriam nortear os investimentos privados em infraestrutura a partir de quatro dimensões fundamentais: ambientais, de resiliência e adaptação, sociais e de governança. O texto cita um conjunto variado de documentos internacionais, de iniciativas e exemplos mostrando como a sustentabilidade dos projetos de infraestrutura e sua avaliação tornam-se preocupação cada vez mais importantes não só para o setor público mas também para os investidores privados.

No Brasil, a proposta do Instituto Escolhas de uma matriz de riscos ambientais por parte do setor financeiro (encaminhada ao Banco Central) tem impactos importantes no campo da infraestrutura.

Em suma, os ODS são um convite permanente a que se encare o desenvolvimento, antes de tudo, como um tema de natureza ética. Eles exigem, portanto, que os projetos de infraestrutura sejam definidos por seu sentido, seus objetivos, seus resultados para a vida social, muito mais que pelos indispensáveis parâmetros de eficiência e de segurança que devem, evidentemente, regê-los. Isso envolve não somente a busca dos beneficiários dos diferentes projetos mas também dos processos e, sobretudo, dos protagonistas com base nos quais são elaborados. A qualidade técnica de um projeto não responde à questão fundamental colocada pelos ODS em torno de seu propósito e de seus protagonistas — ou, para falar como Amartya Sen, de seus agentes. E é em torno de propósitos e de agentes que os projetos de infraestrutura na Amazônia devem ser repensados.

2.

Para além dos megaprojetos

É nas florestas tropicais — e especialmente na maior delas, a amazônica — que a distância entre os valores incorporados nos ODS e as infraestruturas instaladas ou planejadas para os próximos anos representa a maior ameaça aos serviços ecossistêmicos dos quais depende a vida no planeta. O que está em jogo, como mostra o documento do Programa Estratégico para o Desenvolvimento Sustentável da Amazônia, do BID (2021, p. 3), são "modelos de desenvolvimento pouco sustentáveis e não inclusivos que se baseiam principalmente na produção primária orientada para a extração".

Infraestrutura, logística para o transporte de commodities agrícolas e minerais e megaprojetos para a produção de energia em larga escala — inclusive para a mineração, como em Tucuruí — converteram-se, na Amazônia, em expressões quase sinônimas. Monumentalidade e concentração têm sido seus traços predominantes, e isso não se refere apenas à Amazônia brasileira. As bases institucionais e financeiras de apoio aos megaprojetos têm natureza transnacional, como se vê pela importância tanto do Conselho de Infraestrutura e Planejamento (Cosiplan) da União de Nações Sul-Americanas (Unasul), substituta da Iniciativa para a Integração da Infraestrutura Regional Sul-Americana (IIRSA), como do Banco Asiático de Investimento em Infraestrutura (Bebbington *et al.*, 2020; Silva Barros *et al.*, 2020).

Os atores sociais ligados à extração madeireira, à produção de carne e soja, à mineração e à construção de hidrelétricas encaram o território da Amazônia, quase sempre, como uma fronteira aberta à expansão dessas atividades ou como uma rota onde deve ser instalada a logística para sua comercialização. Sua força econômica e social tem imensa influência tanto nos rituais administrativos ligados aos projetos de infraestrutura como no aparato jurídico e legislativo voltado a sua legitimação. Seus interesses se exprimem em poucos produtos e em cadeias de valor organizadas e com peso gigantesco nas exportações dos Estados onde se situam (Silva Barros *et al.*, 2021).

Além disso, como bem mostra a série de reportagens de João Moreira Salles (2020) na revista *piauí*, suas bases sociais locais, com imensa frequência, encaram a floresta como obstáculo à realização dos planos a partir dos quais migraram, nas últimas poucas décadas, para a Amazônia. E essa visão da floresta como obstáculo — e não como oportunidade — não se limita aos agricultores: atravessa o conjunto das sociedades locais. O resultado é sua capacidade não só de organizar e vocalizar seus interesses de maneira abrangente, mas, igualmente, de se converterem nos mais importantes protagonistas dos projetos de infraestrutura para a região.

Ao mesmo tempo, a intensidade da destruição florestal, o conhecimento científico sobre seus impactos globais (no clima, na biodiversidade e na oferta de água) e a mobilização social (nacional e internacional) para frear a devastação introduzem elementos inéditos nesse cenário. Formam-se novas redes, organizações e articulações para denunciar o desmatamento e os crimes em que ele se apoia, e sobretudo para propor alternativas às formas predominantes de ocupação e uso do território.

Duas dimensões são fundamentais para essas alternativas. A primeira refere-se aos megaprojetos e a sua governança. A importância da produção e das exportações agropecuárias em estados como Mato Grosso, Pará e Rondônia exerce pressão para uma infraestrutura que minimize os custos de processamento e transporte. Essa infraestrutura tem sido, até aqui, um importante vetor de destruição florestal, de agressão a áreas protegidas, aos povos que nelas habitam e de invasão de áreas públicas não destinadas. Não são poucos os estudos que contestam sua própria viabilidade econômica (Vilela *et al.*, 2020; Ansar *et al.*, 2014). O que está em jogo é a governança dessa infraestrutura e a inadequação da maneira como os grandes projetos relacionam-se com os territórios onde são implantados (Pinto *et al.*, 2018). Hoje, há uma consistente literatura mostrando a urgência de compatibilizar as infraestruturas para os produtos economicamente mais importantes da Amazônia com a manutenção da floresta e com o bem--estar dos habitantes da região (Barros, s.d.). Mais que isso, a forma burocrática como se organiza a consulta às populações locais quanto aos impactos dos grandes projetos não atenua seus efeitos negativos nem se apoia num amplo leque de experiências internacionais que apontam caminhos para a participação real e bem informada nas consultas e, consequentemente, para a própria minimização dos custos dos projetos.

Mas há uma segunda dimensão nas alternativas às formas predominantes de ocupação e uso do território que nem de longe tem recebido a mesma atenção que a primeira. Trata-se das infraestruturas voltadas à emergência de uma forte economia da sociobiodiversidade e daquelas capazes de contribuir com a melhoria das condições de vida das populações que vivem na Amazônia, no meio rural e nas cidades, e que, de forma generalizada, apresentam os piores indicadores sociais do Brasil. Como bem mostra o trabalho de Ana Cristina Barros (s.d.), a conciliação entre essas duas dimensões – a infraestrutura voltada às commodities e aquela orientada tanto para a economia da biodiversidade como para melhorar as condições de vida dos que vivem na Amazônia – "é tão necessária quanto possível".

Mas é nítido o contraste entre a força do aparato institucional voltado à logística destinada ao trânsito de commodities agropecuárias e minerais e a megaprojetos de energia, e a natureza dispersa e fragmentária dos conhecimentos e das orientações de política pública para uma infraestrutura que favoreça a economia da sociobiodiversidade florestal, práticas agropecuárias regenerativas e a emergência de ambientes urbanos cujos desafios sejam enfrentados a partir de soluções baseadas na natureza.

Uma das expressões emblemáticas desse contraste é a precariedade da literatura científica e técnica voltada à infraestrutura da sociobiodiversidade florestal e, de forma geral, da infraestrutura destinada ao desenvolvimento sustentável na Amazônia. Não é pequena a bibliografia em torno da crítica e das propostas para melhorar a governança dos megaprojetos. Mas, quando se trata das infraestruturas para o uso da sociobiodiversidade florestal, de seus impactos potenciais na qualidade de vida das populações que dela podem se beneficiar, bem como dos meios que vão permitir a redução dos impactos negativos das atividades predominantes, os conhecimentos técnicos e científicos estão bem menos consolidados e formalizados em publicações, sejam elas científicas ou não. Não se tem tampouco notícia de acordos internacionais (como os materializados no Cosiplan, por exemplo) que orientem os atores privados, a comunidade científica e os governos na direção de projetos para a valorização sustentável da sociobiodiversidade.

Ao mesmo tempo, são variadas e promissoras as iniciativas que, no plano local, emergem do trabalho das próprias comunidades, apoiadas por organizações empreendedoras, universidades, centros de pesquisa, grupos ativistas, agências governamentais dos estados e municípios e financiadores brasileiros e internacionais, na tentativa de reduzir os obstáculos materiais e institucionais que se opõem à valorização sustentável dos produtos da sociobiodiversidade florestal. O empenho nessa direção é cada vez mais importante também em diversos segmentos empresariais consolidados que buscam práticas agronômicas e formas de organização que contribuam para que a oferta de seus produtos se vincule ao empenho global de redução das emissões de gases de efeito estufa e de fortalecimento da biodiversidade.

Ao contrário dos megaprojetos, a característica mais importante e mais desafiadora da infraestrutura para o desenvolvimento sustentável está em suas especificidades territoriais. O planejamento de estradas, ferrovias, hidrelétricas e instalações para a mineração obedece a regras de engenharia que, embora adaptadas a cada região, respeitam preceitos gerais de projeto, construção e funcionamento. Quando se trata do uso sustentável da biodiversidade, porém, o ponto de partida só pode ser o conhecimento dos territórios e das pessoas que ali residem (Brondizio *et al.*, 2021). E isso não se refere apenas às populações que vivem e contribuem para a preservação das florestas.

O empenho em desenvolver a integração lavoura/pecuária/floresta em grandes fazendas — por exemplo, o aproveitamento da riqueza em babaçu dos milhões de hectares da Mata dos Cocais (Impacto Plus, 2021; Franciosi, 2022), com o potencial de converter-se em polo de produção de amido — pressupõe uma visão de infraestrutura que não se limite às grandes obras. É por isso que a infraestrutura do desenvolvimento sustentável em regiões tropicais, e particularmente na Amazônia, requer uma economia do conhecimento da natureza (Becker, 2010; Abramovay, 2019).

3.

O fim da era do concreto

O mundo está passando por mudanças decisivas na definição e no planejamento das infraestruturas necessárias ao crescimento econômico. Essas mudanças respondem aos dois maiores desafios das sociedades contemporâneas: o agravamento da crise climática (e da erosão da biodiversidade) e a urgência de se aprofundar a luta contra as desigualdades. Esses dois desafios, no caso da Amazônia, exigem o reconhecimento de suas funções ecossistêmicas globais (dos serviços que a floresta presta à humanidade) e devem se nortear pela urgência de garantir vida digna para os que nasceram na região ou para ela migraram.

Por essa razão, o BID (Cavallo *et al.*, 2020) preconiza que o foco das atuais infraestruturas na América Latina tem que se concentrar no acesso aos serviços e nos seus preços. E esse foco só se realizará caso se reconheça, na infraestrutura contemporânea, o "fim da era do concreto". O próprio título da publicação do BID que aborda o tema é emblemático: "de estruturas a serviços". O texto, de certa forma, é um manifesto contra o gigantismo que domina até hoje a visão sobre infraestrutura das organizações privadas e estatais que a ela se dedicam. Substituir a "era do concreto" pela "era dos serviços" é a orientação geral preconizada pelo banco.

O marco conceitual apresentado pelo BID (Cavallo *et al.*, 2020, p. 23) pode ser resumido na ideia de que até aqui houve desproporcional concentração da infraestrutura no hardware (investimento em ativos). É o momento de fortalecer o software em termos de regulação e de escolhas. Isso significa, portanto, colocar as pessoas no cerne das infraestruturas, tanto pelos serviços de que elas vão se beneficiar como por sua participação ativa nas decisões referentes à infraestrutura. No prefácio ao livro do BID, Luis Alberto Moreno, à época seu presidente, escreve: "As mudanças climáticas, o valor da biodiversidade e as novas expectativas de participação social alteraram para sempre a definição de um projeto sustentável" (Cavallo *et al.*, 2020, p. xxi).

É interessante observar o contraste entre a visão do BID e a do Global Infrastructure Outlook, do G20 (Oxford Economics & Global Infrastructure Hub, 2017, p. 152), que insiste na perspectiva convencional do investimento em infraestrutura como "formação bruta de capital fixo por parte do setor público e privado em ativos fixos inamovíveis que sustentam o crescimento econômico de longo prazo". O trabalho justifica essa escolha pelo fato de a formação bruta de capital fixo ser uma medida usada de forma generalizada nas contas nacionais.

A renovação pela qual passa a ideia de infraestrutura é subjacente também ao Green New Deal estadunidense, que inclui o cuidado com crianças, idosos e portadores de necessidades especiais, considerando as cuidadoras e os cuidadores como parte da infraestrutura necessária ao processo de desenvolvimento. Converter os serviços e o acesso aos serviços em componente central da infraestrutura é uma transformação fundamental para que esta possa se voltar efetivamente ao desenvolvimento sustentável.

Por mais importantes que sejam as formas convencionais de infraestrutura, amplia-se globalmente o consenso em torno de suas limitações, sobretudo no enfrentamento dos eventos climáticos extremos, e vai se modificando o repertório das consultorias e das próprias empresas de engenharia e planejamento, além dos parâmetros dos tomadores públicos de decisão. A "engenharia da resiliência", em torno da qual se organiza uma vasta rede global, é um exemplo. Resiliência, como mostram os trabalhos de Erik Hollnagel, seu mais influente pensador no âmbito da engenharia, não é sinônimo de segurança ou de equilíbrio, e sim "a capacidade intrínseca de um sistema de ajustar seu funcionamento antes, durante e depois de mudanças e perturbações, de maneira a poder sustentar as operações que dele se esperam sob condições esperadas e não esperadas". A engenharia da resiliência não se volta a uma obra ou a um projeto, mas a um sistema. É um convite a romper com a fragmentação disciplinar e, em última análise, política que marca com tanta frequência os megaprojetos de infraestrutura e faz com que seus impactos nocivos apareçam como surpreendentes.

É importante também a formação de redes envolvendo universidades, atores públicos e privados, como o UK Infrastructure Transitions Research Consortium (ITRC), que junta sete universidades britânicas a mais de cinquenta organizações ligadas a projetos de infraestrutura. Nos Estados Unidos, o Corpo de Engenheiros das Forças Armadas adotou como lema "engenharia com a natureza".

O Instituto Nacional de Ciências Aplicadas (INSA), uma rede de grandes escolas de engenharia da França, e o Shift Project lançaram um manifesto voltado a mudar a formação escolar do engenheiro do século XXI para que ela tenha em seu centro a luta contra a crise climática e a erosão da biodiversidade (The Shift Project/INSA, 2022). O manifesto denuncia que atualmente "a engenharia é, sobretudo, utilizada no quadro de um modelo econômico não sustentável". Apenas 8% dos cursos abordam os desafios ligados à energia e ao clima, por exemplo.

Os próprios mercados em que são tomadas as decisões de infraestrutura sofrem pressões para adequar sua concepção, seu planejamento e sua execução às exigências dos ODS e aos compromissos globais em torno da descarbonização da economia. Não são mudanças triviais e, na maior parte dos casos, os profissionais (públicos e privados) voltados ao tema estão pouco preparados para redirecionar suas convicções e rotinas práticas rumo a projetos que materializem a inteligência e os valores do desenvolvimento sustentável. Contudo, esse cenário está se alterando de maneira importante nos últimos anos.

A necessidade de que essa alteração também influencie os megaprojetos da Amazônia tem sido ressaltada por alguns dos mais influentes centros de pesquisa brasileiros e internacionais sobre o tema. Contudo, tal esforço crítico e propositivo tem que ser acompanhado pelo empenho em fortalecer aquelas infraestruturas que não fazem parte do leque de iniciativas ligadas aos megaprojetos (mesmo que com elas possam se relacionar) mas que são indispensáveis para o fortalecimento da economia da sociobiodiversidade florestal, para a emergência de uma agropecuária de commodities que regenere os tecidos socioambientais — os quais, até aqui, tem ajudado a degradar — e que contribua para a redução da pobreza e das desigualdades em toda a região.

4.

Quatro pistas para repensar a infraestrutura

Não poderia ser maior o contraste entre a riqueza contida na sociobiodiversidade da Amazônia e sua capacidade de contribuir para a melhoria das condições de vida de sua população. O Índice de Progresso Social mostra que 98% dos municípios amazônicos têm condições de vida (medidas por 43 indicadores sociais e ambientais) inferiores aos demais municípios do país (Pinto *et al.*, 2018, p. 11). Os dez municípios com os piores indicadores situam-se na Amazônia. Um milhão de pessoas não têm acesso à energia elétrica. Dois terços dos municípios da região não possuem saneamento básico, o que faz das doenças infecciosas uma relevante causa de mortalidade infantil entre seus habitantes. As deficiências na conexão à internet são generalizadas, apesar da disponibilidade de técnicas que poderiam solucionar este que está certamente entre os mais importantes obstáculos ao desenvolvimento sustentável da Amazônia.

O capítulo sobre bioeconomia do Painel Científico para a Amazônia (Abramovay *et al.*, 2021) mostra que as florestas tropicais — e particularmente a Amazônia — estão distantes da fronteira científica e tecnológica da bioeconomia contemporânea. A imensa variedade de seus produtos nem de longe se exprime numa participação relevante em mercados globais, e tampouco integra significativamente o crescente uso de recursos biológicos na elaboração de fármacos e outros materiais.

A diversidade de produtos exportados pela Amazônia é imensa. No entanto, na esmagadora maioria dos casos, a floresta tem presença irrisória mesmo em mercados dominados por países em desenvolvimento e com renda per capita que não se distancia das apresentadas pela região. Os trabalhos recentes de Salo Coslovsky (2021) são muito eloquentes nesse sentido.

A Conexsus, uma das mais importantes organizações brasileiras de fomento ao empreendedorismo ligado à sociobiodiversidade, mapeou 1.040 associações produtivas espalhadas por todos os biomas do país, responsáveis por negócios comunitários. Na maior parte dos casos, essas iniciativas eram desprovidas de conhecimento sobre o mercado e as necessidades dos compradores de seus produtos. Por sua vez, as pequenas e médias empresas tinham dificuldade de fazer suas demandas chegarem às comunidades devido a problemas logísticos, preferindo recorrer a intermediários (Conexsus, 2020, p. 13). Em outras palavras, os mercados em que esses produtos se inserem, na Amazônia, são quase sempre incompletos e imperfeitos (Abramovay, 2007), ou seja, dominados por vínculos de dependência e clientelismo que não permitem a seus protagonistas o benefício de uma demanda superior à que se exprime nos valores que recebem pelo que vendem. E essas formas de dominação se explicam, por sua vez, pela precariedade dos meios – materiais e imateriais – necessários para que os mais importantes protagonistas sociais do uso sustentável da biodiversidade florestal se comuniquem com os mercados de seus produtos, sejam capazes de beneficiá-los com qualidade, possam transportá-los de forma ágil e contem com assistência técnica, comercial e jurídica para se emancipar dos vínculos de dependência e clientelismo subjacentes a suas atividades econômicas.

Melhorar a qualidade e as chances de inserção em mercados competitivos e dinâmicos da sociobiodiversidade florestal exige soluções técnicas adaptadas a diferentes localidades. Não são técnicas prontas e consagradas, tampouco são homogêneas: serão muito variadas, conforme os territórios onde se implantam e os conhecimentos dos que as manipulam. Elas têm que se adaptar, frequentemente, aos modos de vida de seus usuários, o que apresenta dificuldades imensas.

Simultaneamente, tais soluções estão emergindo como produto da interação entre comunidades locais e diferentes atores voltados a apoiar suas iniciativas econômicas. O ativismo socioambiental na Amazônia deixou de se voltar exclusivamente à luta contra a destruição da floresta e contra o ataque a seus povos e está se transformando cada vez mais em empreendedorismo voltado à valorização dos produtos da sociobiodiversidade. A interação entre jovens empreendedores e populações que vivem e usam os recursos florestais está abrindo caminho a mercados mais promissores para esses produtos e seus protagonistas. Ao mesmo tempo, as universidades e os centros de pesquisa também têm contribuído para o surgimento dos dispositivos e das técnicas necessárias para que a comercialização dos produtos da sociobiodiversidade florestal beneficie as populações que diretamente deles dependem.

As mudanças recentes na definição do que é infraestrutura envolvem quatro dimensões.

A primeira é a que enxerga a natureza como infraestrutura. A segunda é a infraestrutura da economia do cuidado. A terceira é formada por dispositivos básicos da vida social e econômica contemporânea: acesso a internet, água, saneamento, energia elétrica, mobilidade e equipamentos que permitam melhorar a qualidade daquilo que se produz, que se vende e que se consome. É a mais palpável expressão do que o presidente do BID chamou de infraestrutura enquanto serviço. Correlativa a esses dispositivos, temos a formação de habilidades locais para lidar com equipamentos cujo uso e manutenção, muitas vezes, exige formação especializada. Por fim, é necessário mencionar uma infraestrutura imaterial decisiva que se refere a um conjunto de organizações e instituições capazes de estimular não apenas a formalização dos negócios mas a atuação conjunta de seus detentores em associações e cooperativas, bem como a inserção de seus produtos nos mercados a partir de marcas de qualidade que valorizem seus atributos.

4.1.
A natureza como infraestrutura

É cada vez mais ampla a difusão, por organizações da sociedade civil, pesquisadores, organismos multilaterais e empresas, da ideia de "soluções baseadas na natureza" (SBN). Foi em 2016 que a União Internacional para a Conservação da Natureza (Cohen-Shacham *et al.*, 2016,

p. 5) publicou um importante e influente documento em que define o termo como "ações para proteger, gerir de forma sustentável e restaurar ecossistemas naturais ou modificados. Essas soluções enfrentam desafios societais (por exemplo, mudança climática, segurança alimentar ou hídrica, desastres naturais) de forma efetiva e adaptativa, enquanto oferecem, ao mesmo tempo, benefícios ao bem-estar humano e à biodiversidade". Segurança hídrica e adaptação às condições criadas pela crise climática não poderão apoiar-se estritamente em infraestruturas construídas (Kabisch *et al.*, 2017; Herzog *et al.*, 2020).

As infraestruturas naturais, baseadas na oferta de serviços ecossistêmicos, são fundamentais na absorção de emissões, na atenuação do impacto de enchentes (Bridges *et al.*, 2021), na purificação da água, no combate à poluição e no melhor aproveitamento de recursos produtivos por parte do setor privado. São igualmente fundamentais para a agricultura (Flach *et al.*, 2021) e para o revigoramento de iniciativas ligadas à oferta de alimentos em ambientes urbanos e metropolitanos. Os recentes trabalhos do Instituto Escolhas e o número especial da revista *Sustainability* (Artmann *et al.*, 2021) são bons exemplos nesse sentido.

A ideia central consiste em trabalhar com os ecossistemas, mais do que se apoiar em soluções convencionais de engenharia, como erguer muros para evitar os impactos da subida do nível do mar ou piscinões urbanos para conter as enchentes. Trata-se de um conceito novo, que emerge tanto de disciplinas científicas (ecologia, por exemplo) como da prática de profissionais envolvidos com a conservação da natureza, e que ganhou impressionante audiência, ao longo dos últimos dez anos, em organizações internacionais de desenvolvimento. Movimentos internacionais recentes, como o da biomimética, o da economia circular e o das cidades biofílicas, fazem parte do ambiente cultural em que emerge a ideia de soluções baseadas na natureza. Mas sempre é bom lembrar que se trata de uma proposta que vem de uma longa tradição cuja expressão mais emblemática, no século xx, é o trabalho de Rachel Carson (1962), e que teve seu expoente teórico mais influente no economista romeno Nicholas Georgescu-Roegen (1975), cujo trabalho é fundamental pelo esforço de pensar a economia a partir da vida, de suas características e, sobretudo, com base na entropia a que leva, inevitavelmente, a forma como a sociedade usa a matéria e a energia no esforço de produzir bens e serviços.

As infraestruturas naturais prestam serviços locais decisivos (em regiões florestais, rurais e em grandes cidades) e cumprem funções ecossistêmicas de alcance nacional, multinacional (oferta de água e biodiversidade, por exemplo) e global (absorção de carbono). Boa parte dessas infraestruturas naturais são constituídas por "bens comuns" (Frischmann, 2012), geridos comunitariamente a partir de formas diversificadas de governança, muitas das quais foram estudadas nos trabalhos de Elinor Ostrom, prêmio Nobel de Economia. Fortalecer essa governança e proteger esses bens comuns é um dos mais importantes componentes do próprio desenvolvimento sustentável.

Sendo a maior bacia hidrográfica e a mais importante floresta tropical do mundo, não há como subestimar a importância da infraestrutura natural da Amazônia para a vida na Terra. Suas funções ecossistêmicas serão tanto mais preservadas e valorizadas quanto mais a floresta e os rios forem tratados como a mais importante infraestrutura da região, ou seja, aquela sobre a qual se sustenta a vida de seu diversificado território e, em última análise, do planeta.

Por isso, referindo-se à bioeconomia, o BID (2021, p. 9) destaca que "a conservação dos recursos biológicos forma parte integral da atividade bioeconômica e tem a mesma importância na cadeia de valor que a produção e o uso, ainda que não seja o objetivo que impulsiona esta atividade".

No entanto, enquanto reconhece a importância das soluções baseadas na natureza para enfrentar a crise climática na América Latina, o BID (Bhattacharya, 2019b) chama a atenção para as barreiras a que elas se incorporem de fato ao planejamento da infraestrutura. Na maior parte dos casos, a gestão da natureza e dos serviços ecossistêmicos está nas agências do Ministério do Meio Ambiente, enquanto as decisões sobre a infraestrutura ficam com a área de finanças e planejamento. No setor privado, o tema recai sobre as equipes que se voltam à responsabilidade socioambiental corporativa, muito mais que às incumbidas das decisões de engenharia, que não possuem a formação e as habilidades para incorporar SBN em seus projetos e, portanto, não têm arsenal e cultura para convencer os financiadores sobre a viabilidade dessas soluções (Bhattacharya, 2019b, p. 2). A consequência é que as soluções baseadas na natureza acabam não entrando nos quadros de referência que formam as políticas públicas de infraestrutura. Assim, os projetos baseados em SBN são vistos pelos mercados financeiros como de maior risco que os convencionais (Bhattacharya, 2019b, p. 11) e não adentram a lógica dos negócios (Bhattacharya, 2019b, p. 6).

As barreiras para que as soluções baseadas na natureza se convertam em cerne do planejamento são especialmente sérias na Amazônia brasileira em virtude da força do argumento segundo o qual a floresta é um obstáculo a atividades econômicas geradoras de renda. Tal argumento ganha poderoso impacto local quando compõe a narrativa governamental de congelar a demarcação de territórios indígenas, de abri-los para a exploração mineral, e diante do enfraquecimento da infraestrutura policial, jurídica, legislativa e administrativa voltada a reprimir o desmatamento. Tudo indica não se tratar de fortuita coincidência a incipiente formação de uma entidade voltada ao crescimento econômico da região que ganhou o acrônimo de Amacro (que envolve o sul do Amazonas, o leste do Acre e o noroeste de Rondônia) e a recente explosão de incêndios florestais e invasões de áreas protegidas exatamente nessas áreas (Watanabe, 2021). Assuero Doca Veronez, presidente da Federação da Agricultura do Acre, em entrevista publicada pelo jornal *O Eco* (Wenzel & Sá, 2020), não deixa dúvidas a esse respeito: "Desmatamento para nós é sinônimo de progresso, por mais que isso possa chocar as pessoas. [...] O Acre não tem minério, não tem potencial turístico, o que tem são as melhores terras do Brasil. Só que essa terra tem um problema, uma floresta em cima".

Eis um exemplo típico da visão de atores sociais oriundos de migração recente e para os quais a floresta, muito longe de um trunfo a ser preservado e utilizado com cuidado, deve ceder lugar a atividades imediatamente mais prósperas como a extração de madeira, a pecuária, a agricultura ou o garimpo. Nos seminários realizados em 2020, em que a ideia da Amacro foi apresentada, mesmo que a retórica mencionasse a bioeconomia, não havia representantes de povos da floresta ou de experiências que mostrassem que poderia existir interesse econômico no uso sustentável da floresta em pé. Em 2021, a iniciativa foi formalizada sob a denominação de Zona de Desenvolvimento Sustentável dos Estados do Amazonas, do Acre e de Rondônia (ZDS), e sua base social fica nítida logo na introdução do documento que lhe dá origem: "A proposta de criação de ZDS surgiu dos próprios atores locais ligados ao setor produtivo a partir da constatação de que a dinâmica do agronegócio nas regiões fronteiriças entre as três unidades necessitava de planejamento voltado ao desenvolvimento da região" (Ministério do Desenvolvimento Regional/Sudam, 2021, p. 14). O mesmo documento reconhece que a agropecuária, que se quer fortalecer na região, tem sido importante vetor de desmatamento (Ministério do Desenvolvimento Regional/Sudam, 2021, p. 109). Dos cinquenta municípios que mais desmatam na Amazônia, dezesseis estão na ZDS (Ministério do Desenvolvimento Regional/Sudam, 2021, p. 114).

São bem conhecidos os três mais importantes caminhos para que a Amazônia possa cumprir seu papel de infraestrutura natural para os países onde ela se encontra e para o mundo.

O primeiro consiste na delimitação e no respeito a diferentes modalidades de áreas protegidas. O Brasil pós-ditadura ampliou essas áreas, mesmo que os investimentos em sua efetiva proteção tenham ficado muito aquém do necessário (Abramovay, 2019; Medeiros & Young, 2011). Mas hoje essas áreas se encontram sob agressão permanente (Instituto Socioambiental, 2021), o que significa não só ataque às populações que nelas habitam mas a perda de seus serviços ecossistêmicos, locais e globais.

O segundo caminho é o do uso sustentável da sociobiodiversidade. O Selo Origens Brasil, por exemplo, teve sucesso em contribuir para a organização da oferta de produtos vindos do trabalho de comunidades indígenas e ribeirinhas para mercados de centros metropolitanos brasileiros, com apoio de grandes empresas. Ao vincularem suas marcas a produtos de origem florestal, essas grandes empresas contribuem para aumentar a renda das populações que trabalham com tais produtos e se distanciam da narrativa segundo a qual a derrubada da floresta é premissa para atividades econômicas promissoras. Contudo, o uso sustentável da biodiversidade florestal não se limita e não pode se limitar às áreas protegidas — objeto do trabalho do Selo Origens Brasil. Nesse sentido, é fundamental o trabalho desenvolvido por organizações ativistas que juntam a defesa dos povos da floresta e de seus territórios a iniciativas que mobilizam jovens empreendedores interessados na valorização dos produtos da sociobiodiversidade.

Além de ser a infraestrutura mais importante no combate às mudanças climáticas e à erosão da biodiversidade, a natureza é fundamental na oferta de produtos agropecuários e no uso da biodiversidade voltada a fármacos, energia, cosméticos, alimentação animal, novos materiais e uma gama imensa de produtos. E é exatamente para aproveitar esses materiais, fazendo do uso da biodiversidade um fator de geração de emprego e renda, que diversas ONGs e empresas vêm atuando na Amazônia, trabalhando junto a associações e cooperativas locais e, com frequência, interagindo com pesquisadores de universidades, museus e da Empresa Brasileira de Pesquisa Agropecuária (Embrapa). Não são raros os casos em que ONGs acabam se tornando o viveiro para a formação de iniciativas privadas, de empresas orientadas pelos valores e objetivos que marcam o trabalho dos grupos da sociedade civil ligados à defesa da floresta e de seus povos. Centro de Empreendedorismo da Amazônia, Idesam, Conexsus, Instituto Peabiru, Instituto Centro de Vida, Saúde & Alegria, BelTerra e Projeto Amazônia 4.0 são apenas alguns exemplos das inúmeras iniciativas cujo impacto positivo vem crescendo na região.

O uso sustentável da biodiversidade é fundamental também em áreas não florestais da Amazônia. O levantamento da consultoria Impacto Plus (2021) sobre as principais cadeias de valor dos quase dezoito milhões de hectares sob influência das atividades da mineradora Vale oferece bons exemplos nesse sentido. Nas áreas de produção de gado — São Félix do Xingu (PA) tem o maior rebanho e é o município que mais emite gases causadores de efeito estufa no Brasil (IEMA, 2021) —, frigoríficos e laticínios são grandes poluidores. Tratar de maneira correta os resíduos dessa atividade pode favorecer a produção de biogás e a geração de fertilizantes orgânicos de alta qualidade. Uma alternativa é a "utilização de plantas aquáticas para remoção dos nutrientes remanescentes do tratamento desses efluentes, antes de lançá-los nos mananciais. As plantas do gênero *Azolla* (murerê-rendado) capazes de fixar o nitrogênio do ar produzem 35 toneladas de massa seca por ano em um hectare de lâmina d'água, com teor de nitrogênio equivalente a 2,5 toneladas de ureia agrícola". Assim, a Área de Proteção Ambiental da Baixada Maranhense poderia converter-se em polo de produção de fertilizantes naturais. Os trabalhos da BelTerra e da Embrapa na integração lavoura/pecuária/floresta, bem como o que se desenvolve na Fazenda Roncador (Assad *et al.*, 2019), devem ser considerados também como parte da infraestrutura que, no meio rural, aplica os princípios das SBN.

Soluções baseadas na natureza são importantes também nas cidades da Amazônia. Edmilson Rodrigues, que assumiu a prefeitura de Belém em 2021, insiste na ideia de que as cidades devem ser pensadas como ecossistemas. Belém tem catorze bacias hidrográficas, e suas 39 ilhas correspondem a 2/3 de seu território. O planejamento da cidade deve se apoiar na preservação e na valorização de suas áreas florestais, ainda mais quando se leva em conta sua diversidade étnica e cultural. A pressão para que essas áreas sejam ocupadas por imóveis destinados a habitantes de alta renda é imensa. Reduzir a impermeabilização urbana é outra forma de aderir a soluções baseadas na natureza para enfrentar a gestão das águas.

Mais que isso, a vegetação frutífera da cidade (o cacau amazônico, por exemplo) abre oportunidades de geração de renda. A reocupação de áreas centrais com habitações populares tem a dupla vantagem de evitar o desmatamento em regiões periféricas (muito frequente nos programas urbanos convencionais, como o Minha Casa Minha Vida) e valorizar o conceito de cidades compactas, em que a população está próxima dos principais centros de serviços, dos mercados de trabalho e de consumo, tão importantes para os microempreendedores. Outra dimensão fundamental das soluções baseadas na natureza é a intensificação do uso de madeira. O concreto, explica Edmilson Rodrigues, deixa estragos irreversíveis. Com a madeira, as edificações não dependem de areia, cuja exploração é frequentemente vetor de deterioração dos rios. O paricá, por exemplo, usado em reflorestamento da empresa Tramontina, oferece madeira de fibra longa que, com tratamento adequado, tem duração de décadas. A arborização urbana também deve ser planejada em função das necessidades culturais das populações originárias: o jenipapo e o urucum dão base a rituais sagrados de povos indígenas.

O terceiro caminho para que a Amazônia possa cumprir seu papel de infraestrutura natural é o do pagamento por serviços ambientais: a Cooperativa Agrícola Mista de Tomé-Açu (Camta), no Pará, vendeu para a Microsoft créditos de carbono, e existem inúmeras iniciativas para dinamizar esse mercado em todo o mundo, com destaque, claro, para a Amazônia. O Rabobank, por exemplo, tem a intenção de remunerar com créditos de carbono nada menos que quinze milhões de agricultores com práticas agroflorestais que deverão cobrir uma área três vezes superior à da Holanda, sequestrando 150 milhões de toneladas-equivalentes de gás carbônico. As metodologias para a certificação vão se aprimorando (Villela, 2021). Mas soluções baseadas na natureza só terão força se estiverem associadas à melhoria das condições de vida na Amazônia, a uma organização social mais efetiva e à disponibilidade de meios que permitam incrementar a qualidade de seus produtos e seu acesso aos mercados. É o que será visto nos próximos itens.

4.2.
A economia do cuidado

Uma das maiores surpresas do plano de investimentos enviado por Joe Biden ao Congresso dos Estados Unidos, no início de seu mandato presidencial, foi a compreensão dos cuidados com recém-nascidos, crianças, idosos, portadores de necessidades especiais, cuidadores e, sobretudo, cuidadoras como infraestrutura (Parlapiano, 2021). Mesmo que o plano tenha sido modificado em função das negociações políticas no Legislativo, trata-se de uma inovação que se explica pela força dos movimentos sociais que tanta influência tiveram na vitória do candidato democrata e na constituição de sua frágil maioria parlamentar.

Em entrevista ao podcast *Ezra Klein Show* transmitida em abril de 2021, Brian Deese, diretor do Conselho Econômico Nacional dos Estados Unidos, explica que, sem uma infraestrutura pública para o cuidado com as pessoas, a vida econômica fica seriamente comprometida. O plano tem a virtude de considerar como infraestrutura atividades que não se ligam a megaprojetos, mas que têm efeitos duradouros sobre a organização social, nos campos da saúde e da educação. Melhorar a frequência de crianças em escolas e creches significa ampliar as possiblidades de as mulheres ingressarem no mercado de trabalho, por exemplo.

No caso da Amazônia, orientar os investimentos em direção à economia do cuidado é ainda mais importante tendo em vista a incidência, na região, de doenças infecciosas e da dificuldade de acesso a equipamentos de saúde em localidades com baixa densidade demográfica. O trabalho de Frischtak *et al.* (2018) sobre os impactos de obras de infraestrutura interrompidas no Brasil abordou a questão, mostrando que obras paralisadas ou não iniciadas de saneamento trazem imensas despesas para o sistema de saúde pública. Só em Ananindeua, no Pará, que tem um dos piores índices de saneamento do Brasil, os custos estimados com afastamento do trabalho e internações hospitalares decorrentes de doenças infecciosas é cinco vezes superior ao que seria necessário para terminar as obras da rede de água e esgoto no município (Frischtak *et al.*, 2018, p. 49). Creches e cuidados com a primeira infância estão entre as infraestruturas que mais proporcionam benefícios, como mostram diversos trabalhos citados por Frischtak *et al.* (2018, p. 50).

Se no Brasil como um todo as dificuldades de conexão e as precariedades do sistema de ensino público conduziram a um gigantesco atraso na aprendizagem de crianças e jovens (Paes de Barros & Henriques, 2021), na Amazônia a situação é ainda mais grave, tendo em vista que, mesmo antes da pandemia de covid-19, o acesso das crianças ao ensino fundamental não era, ao contrário do restante do país, generalizado. A Amazônia Legal abriga 17,1% da população brasileira de zero a cinco anos, mas apenas 13,7% das matrículas na educação infantil do país estão na região (Cruz & Portella, 2021). O acesso das crianças às creches é igualmente menor na Amazônia do que no restante do Brasil, o que bloqueia o acesso das mães ao mercado de trabalho. Um dos dados mais chocantes do estudo de Cruz e Portella (2021) é que a quantidade de jovens que não trabalham nem estudam (os "nem nem") na Amazônia corresponde a 40% da população entre 25 e 29 anos, proporção muito superior à média brasileira, que é de 31%.

Parte importante da infraestrutura para a economia do cuidado, especialmente no que se refere às populações que vivem no interior da Amazônia, vem sendo desenvolvida por organizações não governamentais, por institutos de pesquisa e universidades que procuram métodos e técnicas adequadas às particularidades da região, como será visto adiante. Muitas dessas infraestruturas são essenciais tanto para melhorar a vida das pessoas como para o processamento e a industrialização do que produzem. Não se pode deixar de mencionar também a iniciativa de governos locais nesse sentido: o pagamento de uma renda mínima para populações carentes em Belém, denominado Bora Belém, é componente essencial da infraestrutura da economia do cuidado. Mesmo que seu alcance seja limitado, sinaliza para a sociedade a consigna adotada pelas Nações Unidas de "não deixar ninguém para trás".

4.3.
A infraestrutura do uso sustentável da sociobiodiversidade florestal

Não é apenas nos megaprojetos, que envolvem o poder público e grandes construtoras, que se constata o fenômeno, estudado por Frischtak *et al.* (2018), do abandono e da frustração de iniciativas de infraestrutura. Nas entrevistas realizadas para este trabalho, a lembrança de empreendimentos que não conseguiram realizar aquilo a que se destinavam é recorrente. O Servicio Jesuita Panamazónico (Ferro *et al.*, 2018) chega a usar a expressão "cemitério de projetos" para abordar o assunto. É com imensa frequência, conforme o estudo, que os projetos são pouco apropriados ao contexto e às culturas locais e acabam por produzir dependência das comunidades com relação a atores externos tanto em termos de conhecimentos como de equipamentos para a gestão daquilo que é instalado em campo. Embora o trabalho do Servicio Jesuita Panamazónico se localize num ponto bem específico — a tríplice fronteira entre Brasil, Colômbia e Peru —, ele levanta um tema fundamental: equipamentos, métodos produtivos, organização gerencial e demais dispositivos materiais e imateriais voltados a melhorar a economia da sociobiodiversidade florestal não podem ser considerados apenas como técnicas ou conjunto de procedimentos prontos para serem adotados; devem partir da compreensão, das habilidades e das disposições dos atores locais.

Fortalecer a economia da sociobiodiversidade florestal, portanto, envolve um triplo desafio. O primeiro consiste em localizar os meios materiais e imateriais que permitem melhorar a qualidade dos produtos, as oportunidades de seu processamento local, a agilidade em obter informações referentes a seus preços e a sua comercialização. O segundo desafio é compreender os possíveis conflitos que surgem da introdução da racionalidade tipicamente econômica num ambiente cuja reprodução social não é guiada por ela. Isso vai muito além de "educação": se a economia da sociobiodiversidade florestal tem por premissa o respeito à cultura material e imaterial dos povos responsáveis por seu desenvolvimento, então compreender a maneira como esses povos lidam com o espaço e o tempo e suas hierarquias locais, entre outras questões, terá forte influência na organização produtiva e não pode ser tratado como detalhe (Abramovay, 2017). O terceiro desafio é que aumentar a oferta de produtos da floresta pode trazer problemas imensos, como mostra o já citado trabalho de Salo Coslovsky (2021, p. 15): ampliar as quantidades de espécimes capturadas traz o risco de comprometer o estoque de peixes, se não houver acordo em torno de regras de manejo, por exemplo. Os bagres migratórios – principal alvo da pesca comercial na Amazônia – estão sumindo, enquanto o tamanho médio do que é pescado por arrasto se reduz; o futuro dessas espécies é cada vez mais incerto, e elas estão no topo da cadeia trófica.[3] É verdade que localmente houve casos de crescimento relevante de acordos de pesca, mas na escala da bacia amazônica o quadro é bem diferente. A própria noção de escala tem que ser adaptada às situações florestais: é muito frequente que a redução de custos associada à ampliação produtiva esteja ligada ao uso de técnicas e insumos que comprometem os serviços ecossistêmicos.

Ao mesmo tempo, é claro que as culturas e os conhecimentos dos povos da floresta não são imóveis, sobretudo quando se leva em conta o acesso – muito precário, é verdade – à internet e às redes sociais. E é importante também observar que, com o passar dos anos, as organizações de apoio às atividades dos povos da floresta também ganham experiência e capacidade de estabelecer com esses povos relações férteis e construtivas.

---

3 Agradeço a Pedro Bara, do Instituto de Energia e Meio Ambiente (IEMA), por essas informações.

Uma das características mais importantes dos dispositivos técnicos capazes de melhorar a economia da sociobiodiversidade florestal é que eles são simultaneamente úteis para as atividades econômicas e para as pessoas. Internet de qualidade, energia elétrica que não seja dependente de combustíveis fósseis, meios de transporte fluvial sem a utilização de diesel, abastecimento de água limpa, saneamento e gestão de resíduos são os mais importantes exemplos dessa dupla natureza (benéfica para a economia e para os domicílios) das infraestruturas necessárias ao desenvolvimento sustentável de regiões interioranas da Amazônia. A eles vem se acrescentar a infraestrutura de saúde e de educação, hoje muito deficiente nos centros urbanos e mais ainda em áreas rurais e florestais.

Mais que isso: é necessário trabalho de recuperação de conhecimentos numa rede que evite o uso de técnicas encaradas como universais, mas que não levam em conta nem os materiais nem as tecnologias empregadas pelos povos da floresta. Aqui, a ideia de cultura material ganha todo sentido: trata-se de recuperar e valorizar conhecimentos que permitiram, ao longo de milênios, o uso da floresta em pé (Clement *et al.*, 2015). Claro que não se trata de limitar-se a esses materiais ou a esses conhecimentos. E é claro também que o contexto em que esses conhecimentos integram a infraestrutura atual é radicalmente diferente do de sua origem. Mas ignorá-los é a base para que se expanda a ideia de que crescimento econômico e floresta são incompatíveis. Poucos lugares como a Amazônia têm potencial tão forte para que a ideia de cultura material contribua ao processo de desenvolvimento e, especialmente, para suas infraestruturas.

É fundamental definir as necessidades locais e selecionar processos e técnicas compatíveis com esses ambientes, a partir de uma biblioteca de soluções adaptáveis a cada microrrealidade. Essa definição envolve construções modulares de postos de saúde e outras obras institucionais que ampliem a mobilidade das pessoas e o trânsito de produtos (pontes, passarelas e acessos), torres de transmissão e captação de sinais, entre outras.

As entrevistas e as consultas realizadas para este trabalho permitem citar alguns exemplos dessas infraestruturas. O caráter fragmentário desses exemplos — e a distância entre o que aqui se menciona e a riqueza das iniciativas em campo — mostra que é urgente sistematizar conhecimentos num observatório da infraestrutura voltada ao desenvolvimento sustentável da Amazônia. É verdade que a Rede Energia & Comunidades já realiza em grande parte essa sistematização, mas seria fundamental fortalecer essa importante rede e avançar em direção a organizações que possam refletir e acumular as experiências com relação a outras infraestruturas voltadas ao desenvolvimento sustentável da Amazônia.

A missão fundamental desse observatório é servir como centro a partir do qual se poderão estimular trocas de experiências e balanços críticos das iniciativas envolvendo seus protagonistas diretos e os cientistas, técnicos e ativistas que os apoiam. E convém salientar que boa parte das técnicas e dos equipamentos voltados a fortalecer a economia da biodiversidade florestal são importantes não só para os povos da floresta mas para empreendimentos econômicos de médio e grande porte levados adiante por agricultores familiares, fazendeiros e grandes empresas. Esse observatório tem a vocação de fazer emergir uma cultura institucional que favoreça projetos de infraestrutura eficientes, que se justifiquem por sua contribuição à melhoria das condições de vida das populações da Amazônia e à regeneração dos tecidos naturais que vêm sendo sistematicamente destruídos pelos modelos de crescimento econômico predominantes. Para isso, ele deve ter canais diversificados de escuta e participação que permitam melhorar e difundir projetos que não se enquadram naquilo que hoje, de forma generalizada, se entende por infraestrutura na região.

São citados, a seguir, alguns exemplos nessa direção (em energia, mobilidade, processamento de produtos, saúde e saneamento), com base nas entrevistas realizadas para este trabalho — e que certamente ficam muito aquém da riqueza das experiências já acumuladas na direção da infraestrutura para o desenvolvimento sustentável na Amazônia.

4.3.1.
Energia e mobilidade

O interior da Amazônia e as sedes dos pequenos municípios são altamente dependentes de óleo diesel para a geração de energia e para o transporte de pessoas e mercadorias por embarcações. Trata-se de um insumo caro, cujo alto custo não permite seu funcionamento permanente. Além disso, o barulho do motor é obstáculo para diversas atividades, como o estudo. Esses equipamentos são utilizados nas 235 localidades brasileiras (na maior parte dos casos, na Amazônia) onde há sistemas elétricos não conectados à rede nacional (Idec & ISA, 2021, p. 20).

As entrevistas realizadas para este trabalho mostraram quatro alternativas importantes à geração de energia a partir do diesel.

O Instituto Socioambiental (ISA) acumulou considerável experiência em energia solar no interior de aldeias indígenas. O Projeto Xingu Solar, por exemplo, em colaboração com a Associação Terra Indígena do Xingu e o Instituto de Energia e Meio Ambiente (IEE) da Universidade de São Paulo (USP), é um bom exemplo nesse sentido (Idec & ISA, 2021). Em 2019, foi realizada em Manaus, por iniciativa da Rede Energia & Comunidades, uma feira/simpósio com 830 participantes, entre lideranças indígenas e comunitárias, representantes governamentais e atores privados e associativos de vários países da Amazônia, o que mostra a força da articulação social em torno do tema.

Os trabalhos de Pedro Bara (2021, p. 4), em colaboração com a ONG World Wide Fund for Nature (WWF), mostram que a energia "solar fotovoltaica em sistemas coletivos nas comunidades contribuiria com a melhoria da produção extrativista sustentável em cadeias como a do açaí, pescado e farinha de mandioca". Além disso, os sistemas solares permitiriam energia suficiente para os sistemas de teleaula — sem o barulho dos motores a diesel. Um dos problemas sérios com a energia solar, mencionado por vários entrevistados para este livro, está na dificuldade de se encontrar competências localizadas e peças de reposição em caso de defeito nos equipamentos, o que não é raro. Justamente para enfrentar o problema, o Projeto Xingu Solar não só instalou os equipamentos mas treinou uma centena de "eletricistas indígenas" para sua manutenção.

Uma segunda alternativa ao diesel na geração de energia é o uso de pás eólicas para carregar baterias de lítio. Esta iniciativa do Instituto Socioambiental ainda conta com backup a diesel, mas já há planos para substituir este combustível por biogás.

Uma terceira alternativa, já desenvolvida por vários técnicos e pesquisadores, é a utilização da biomassa para produzir energia. Os trabalhos do Instituto

Escolhas (Lima & Penteado, 2020), por exemplo, mostram um imenso potencial de produção de biogás a partir de resíduos sólidos urbanos. Na produção de óleo de palma, o efluente líquido é uma carga orgânica que não deveria ser jogada no curso dos rios. Já existem técnicas que permitem captar o metano para a produção de biogás. A New Holand promete lançar um trator movido a metano, e sua maior atração é que o combustível pode ser gerado em campo por um biodigestor. A Volkswagen também está na iminência de lançar um caminhão movido a biometano. Outras grandes empresas estão investindo nessas tecnologias.[4]

A biodigestão de matéria orgânica é importante também para a geração de energia elétrica na Amazônia, com o potencial de servir como complemento aos limites da geração solar. E é importante sublinhar a possibilidade de uso direto de óleos vegetais em motores, sem que seja necessário transformar o óleo em diesel e sem altos custos de adaptação. O trabalho de Guerra e Fuchs (2010) é pormenorizado a esse respeito: sua principal mensagem é que, contrariamente ao biodiesel, cuja produção exige equipamentos centralizados de grande porte, a utilização direta de óleos vegetais como combustíveis pode ser feita a custo competitivo em pequenas usinas descentralizadas. Eis um dos temas em que o Grupo de Pesquisa Energia Renovável Sustentável (GPERS) da Fundação Universidade Federal de Rondônia (Unir) vem trabalhando desde 2000. O babaçu é uma das fontes de bioenergia que o GPERS desenvolveu junto às comunidades com as quais mantém relação, e no vídeo em que o trabalho é apresentado é possível ver os equipamentos simples que permitem a produção

---

[4] Agradeço a Marcello Brito por essas informações.

não apenas de energia mas também de subprodutos cosméticos e alimentares.

Outra fonte de energia elétrica mencionada nas entrevistas e nas referências consultadas para este trabalho é a que aproveita o movimento da água dos rios, sem, no entanto, apoiar-se em seu barramento e na interrupção de seu curso. Além das conhecidas rodas-d'água, é importante mencionar a energia hidrocinética (Cruz, 2003; Gonçalves *et al.*, 2009), que consiste em "usar hidrofólios inspirados nas barbatanas de peixes e baleias para gerar eletricidade aproveitando a correnteza dos rios" (Inovação Tecnológica, 2021).

Estimular a cooperação entre os trabalhos em que técnicos e cientistas já atuam junto a comunidades e os mais importantes centros brasileiros e internacionais de pesquisa pode ser um elemento fundamental de inovação voltada à sustentabilidade. As quatro alternativas ao diesel mencionadas aqui (solar, eólica, biomassa e cinética) refletem iniciativas em geral ainda incipientes, mas já implantadas — e que certamente poderão ser ampliadas e diversificadas com a atenção trazida pela pesquisa e suas aplicações tecnológicas.

No que se refere à mobilidade, as entrevistas e as consultas realizadas no âmbito deste trabalho mostram um quadro preocupante. As embarcações são ainda dependentes fundamentalmente da energia fóssil: não existem tecnologias que permitam embarcações movidas a energia solar com autonomia e força propulsora para levar cargas consideráveis. Além disso, constata-se a carência generalizada dos atracadouros e sua inadequação para a chegada e a partida de pequenas embarcações.

Uma das iniciativas inovadoras mais interessantes no que se refere à mobilidade, incentivada pela Amaz — antiga Plataforma de Parceiros da Amazônia (PPA), ligada ao Instituto de Desenvolvimento da Amazônia

(Idesam) —, é a Navegam, start-up fundada em 2018 no Amazonas que compila e permite acesso on-line a informações sobre o trânsito das embarcações. Venda de passagens por aplicativos, garantia de horários e previsibilidade quanto ao embarque são fundamentais para a mobilidade das pessoas e de seus produtos.

4.3.2.
Dispositivos para processamento e organização produtiva

Energia elétrica é premissa básica para enfrentar um dos maiores problemas ligados à economia da sociobiodiversidade florestal: a qualidade dos produtos. Se os produtos da coleta não tiverem um envase bem-feito, se não houver em campo uma estufa que seque corretamente a castanha, por exemplo, dificilmente os seus melhores atributos poderão ser valorizados nos mercados. Expulsar o oxigênio para que o produto pare de oxidar é decisivo, e o custo dessas técnicas está longe de ser exorbitante. Apesar disso, é frequente que as estufas utilizadas atualmente sejam de má qualidade.

Essas observações foram obtidas com o biólogo e empreendedor Eduardo Roxo, que acumulou ampla experiência de trabalho na Amazônia na busca da valorização dos produtos da diversidade florestal e criou uma empresa de química verde, produtora de óleos essenciais como o alfa-bisabolol de candeia. Mas a pesquisa e o desenvolvimento tecnológico são componentes essenciais das atividades empresariais de Eduardo Roxo, e essa pesquisa vincula-se fortemente a comunidades extrativistas em vários pontos do Brasil. O ponto fundamental está na convicção de que não basta garantir e expor os atributos das comunidades para que os produtos sejam inseridos nos mercados; é preciso mobilizar conhecimentos e técnicas capazes de juntar as características socioculturais dos produtos com sua mais rigorosa qualidade, o que, evidentemente, exige formação profissional, organização local e meios técnicos que compõem uma dimensão decisiva da infraestrutura voltada ao desenvolvimento sustentável da Amazônia (Abramovay *et al.*, 2021).

Um dos maiores obstáculos para que os pescadores sejam beneficiados por suas atividades nos rios da Amazônia é a dificuldade de obter gelo. Gelo e diesel são fatores importantes na dominação que intermediários tradicionais exercem sobre comunidades extrativistas e de pescadores. Ganha especial importância, nesse contexto, a iniciativa do Instituto de Desenvolvimento Sustentável Mamirauá em torno da "máquina de gelo solar". A experiência, iniciada no Amazonas em cooperação técnica com o IEE-USP (Dias, 2015), também está sendo levada adiante junto às comunidades ribeirinhas do Bailique (Herrero, 2019), no Amapá, com apoio do Greenpeace. Flutuantes adaptados com energia solar facilitam o trabalho de limpeza do pescado, ampliam a higiene (uma vez que a evisceração do animal não é mais feita sob o sol, à beira do rio), afastam os insetos (pela presença do teor correto de cloro no tratamento) e resultam assim em maior renda e melhores condições de trabalho para as comunidades pesqueiras. O pré--beneficiamento dos produtos é uma das premissas mais importantes para fortalecer a economia da sociobiodiversidade florestal. É muito importante que essas técnicas cheguem às comunidades acompanhadas de profissionais que difundam os conhecimentos necessários a seu manejo autônomo por parte dos habitantes locais. É o que tem acontecido ultimamente.

O Centro Experimental Floresta Ativa (Cefa) é uma iniciativa do Projeto Saúde & Alegria, voltada tanto à capacitação dos habitantes de áreas protegidas em permacultura e agroecologia como também em "bioconstrução, com eficiência energética, tratamento adequado de resíduos, aproveitamento da luz do dia e da ventilação natural e reaproveitamento da água da chuva". A recuperação dos conhecimentos dos povos da floresta nessas tecnologias é um componente fundamental das iniciativas do Cefa.

Um dos mais importantes desafios das organizações de fomento ao empreendedorismo na Amazônia consiste em fazer da sua biodiversidade a base para soluções de problemas socioambientais da região. E, para isso, a colaboração entre comunidades locais, empreendedores, técnicos, engenheiros e cientistas é fundamental. Uma das mais promissoras iniciativas nessa direção é o uso de plantas, frutas, sementes e fibras vegetais para a produção de bioplásticos e, especialmente, de polipropileno verde. O sucesso da iniciativa — levada adiante pelo World Transforming Technologies e o Centro de Orquestração de Inovações (WTT & COI, 2021) — se deve à secagem dos materiais que vão compor o bioplástico em um lugar próximo às comunidades que extraem as matérias-primas que darão origem ao produto.

4.3.3.
Saúde e saneamento

O Projeto Saúde & Alegria é a mais importante referência da Amazônia quando se trata do atendimento a populações que vivem distantes das sedes dos municípios. O modelo de atendimento com base em embarcações providas de profissionais de saúde, laboratórios e equipamentos, e que visitam regularmente comunidades no Pará, tornou-se referência da Organização Pan-americana da Saúde (Opas). Segundo informação de Caetano Scannavino, o barco chega a resolver 93% dos problemas de saúde que encontra junto às comunidades. Apenas 7% dos pacientes necessitam de internação. Essa iniciativa converteu-se em política pública e hoje já há sessenta embarcações atendendo comunidades na Amazônia, gerindo de maneira adequada o lixo hospitalar que produzem.

O projeto ganhou tal magnitude que treina monitores de saúde que acabam sendo contratados pelas prefeituras. Mas, além do atendimento em saúde (inclusive odontológica), o projeto atua também numa infraestrutura fundamental para a Amazônia: o abastecimento de água limpa e de saneamento. A poluição do Rio Tapajós pelo garimpo ilegal fez da água potável uma urgência, e o Saúde & Alegria tem instalado nas comunidades equipamentos que permitem às famílias fazerem uso de água limpa. Tanto o Instituto Mamirauá como o Instituto Socioambiental também vêm desenvolvendo tecnologias voltadas ao saneamento e ao acesso à água.

É claro que essa descrição deveria envolver outros itens, como gestão de resíduos sólidos (parte deles a ser usada na produção de biogás, mas também com potencial na produção de materiais, como painéis de MDF, com base no resíduo agroindustrial da fibra do açaí, hoje totalmente desperdiçado) e infraestrutura necessária à educação ou ao desenvolvimento do turismo. Mas os exemplos aqui mencionados ilustram bem, por um lado, um movimento importante para desenvolver as infraestruturas necessárias ao fortalecimento das atividades econômicas e à qualidade de vida dos que se dedicam ao uso sustentável da biodiversidade.

Ao mesmo tempo, mostram que há um imenso e promissor caminho a percorrer para o amadurecimento das diversas técnicas aqui apresentadas.

4.4.
Instituições, organizações e marcas de qualidade

Infraestruturas imateriais são decisivas para a emergência do desenvolvimento sustentável. Padrões de consumo, marcas de qualidade, informações a respeito do uso dos recursos, organizações e instituições são fundamentais para que as condutas dos indivíduos e dos grupos sociais permitam que a satisfação de suas necessidades e desejos sejam compatíveis com a permanência da oferta de serviços ecossistêmicos dos quais todos dependemos. Contudo, a própria linguagem, como bem assinala Frischmann (2012), é uma infraestrutura básica da vida em sociedade, ao abrir caminho para a interação social. A cultura material e imaterial dos povos da floresta deve ser considerada uma infraestrutura decisiva para que continuem a viver e valorizar os territórios que lhes pertencem.

Infraestruturas imateriais se referem não apenas àquelas que garantem acesso ao exercício de direitos básicos da cidadania mas igualmente às que vão permitir melhorar a qualidade dos negócios. Por um lado, há uma infraestrutura organizacional formada por cooperativas, associações, sindicatos e redes, que se voltam à defesa dos territórios sob agressão e das populações que aí vivem contra os ataques a seus direitos, e que também procuram, com frequência, viabilizar atividades econômicas. Essas organizações são e serão cada vez mais importantes para se contrapor à informalidade generalizada dos negócios na Amazônia — corroborada pela precária formação, nos municípios, de funcionários capazes de entender as necessidades de negócios legalizados.

Além disso, são precárias, embora importantes, as infraestruturas imateriais capazes de revelar aos mercados o valor de iniciativas associativas. Salo Coslovsky (2021, p. 2) chama a atenção para a importância dos "recursos setoriais compartilhados", que se voltam exatamente a essa finalidade. O já mencionado Selo Origens Brasil é um exemplo desse tipo de infraestrutura imaterial, tão importante para as atividades da bioeconomia. As associações, os sindicatos, as cooperativas e as diferentes formas locais de organização também são componentes decisivos da infraestrutura imaterial necessária ao desenvolvimento sustentável.

Eduardo Brondizio, em trabalho ainda inédito, mostrou a imensa quantidade de iniciativas econômicas de natureza comunitária no interior da Amazônia, e não só no Brasil. Ao mesmo tempo, conforme foi visto anteriormente, na esmagadora maioria dos casos, os resultados do trabalho dessas comunidades passam por mercados incapazes de valorizar os produtos e que também abrem caminho a formas de dominação clientelista e personalizada que perpetuam situações de dependência com relação a atravessadores tradicionais.

A criação de marcas de qualidade é um processo que envolve profunda transformação social nas relações das comunidades com os mercados. Os atravessadores tradicionais não são apenas atores econômicos: eles são provedores de um conjunto de serviços dos quais as comunidades frequentemente dependem. São igualmente detentores de informações fundamentais. Não serão substituídos por mercados dinâmicos e competitivos subitamente: essa substituição supõe, em primeiro lugar, que se abram perspectivas em que os serviços de informação sobre preços, abastecimento em produtos, compra da produção e auxílio em emergências sejam gradualmente oferecidos por atores diversificados (a começar, no que se refere a saúde, educação e segurança pública, pelo Estado), o que amplia a capacidade de escolha da própria comunidade. Postigo *et al.* (2017, p. 336) mostram como a implantação de "cantinas" em reservas extrativistas da Terra do Meio, no Xingu, abriu caminho à "independência comercial e produtiva [dos seringueiros] em relação a patrões ou regatões".

Implantar marcas de qualidade supõe, portanto, a chegada à comunidade de um conjunto de informações, conhecimentos, técnicas e dispositivos materiais que ampliem sua independência. A gestão dos selos de qualidade e das práticas capazes de melhorar a inserção do trabalho de associações em mercados é um processo custoso, que envolve também a competência local de gerir os inevitáveis conflitos internos que a comunidade vai enfrentar no processo de transição.

Auxiliar as comunidades com potencial de desenvolver, de forma associativa, produtos com marcas de qualidade para acessar mercados dinâmicos e competitivos é um dos mais importantes desafios para o trabalho de cientistas, técnicos, ativistas e funcionários governamentais que se voltam ao fortalecimento da economia da sociobiodiversidade florestal. Essa infraestrutura supõe também que funcionários de agências governamentais e não governamentais sejam formados para facilitar a legalização e a formalização dos negócios, sem as quais não há chances de os povos da floresta se emanciparem dos mercados tradicionais em que até aqui estão predominantemente inseridos.

5.

Cidades

É compreensível que a preocupação relativa aos impactos das infraestruturas na Amazônia se refira, antes de tudo, à floresta e aos povos que nela habitam. É nas áreas florestais que se concentram os projetos mais problemáticos para a manutenção dos serviços ecossistêmicos dos quais depende a vida na Terra. Os povos da floresta são os que hoje enfrentam as maiores ameaças a seus territórios, quer se trate das invasões de áreas indígenas pelo garimpo, da grilagem ou de projetos legislativos voltados a legalizar o que hoje é criminoso. O desmantelamento da infraestrutura policial, administrativa e jurídica de garantia às áreas protegidas e às não destinadas teve como resultado um aumento explosivo de registros de Cadastro Ambiental Rural (CAR) nesses territórios e também da agressão aos povos indígenas e aos que trabalham em sua defesa (Oviedo *et al.*, 2021).

Mas é nas cidades que está a maior parte da população da Amazônia e a maior parte tanto dos empregos como das ocupações "por conta própria". É verdade que, muitas vezes, são classificadas como cidades núcleos de pequenos municípios que, por critério de densidade demográfica, são, na realidade, extensões do meio rural e do meio florestal. Mas só as sedes municipais de Belém e Manaus reúnem 5,5 milhões de habitantes. Além disso, há muitos outros municípios tipicamente urbanos na Amazônia, e é nas cidades que se concentram não só os piores indicadores sociais mas alguns dos mais sérios problemas ambientais da região.

Eduardo Brondizio (2016) sintetiza as informações que revelam indicadores socioambientais muito precários nas cidades da Amazônia, desde a carência de saneamento até a explosão de violência e de acidentes de trânsito. O projeto Amazônia 2030 também vem desenvolvendo pesquisas fundamentais sobre as infraestruturas e as ocupações urbanas. Chama a atenção o contraste entre a baixa remuneração e a precariedade do trabalho agropecuário, quando comparado a ocupações urbanas, apesar de estas serem igualmente precárias em sua maioria. O trabalho de Alfenas *et al.* (2021) mostra que, entre 2012 e 2019, os postos de trabalho na agropecuária da Amazônia Legal tiveram uma queda de 16%, segundo dados da Pesquisa Nacional por Amostra de Domicílios Contínua do Instituto Brasileiro de Geografia e Estatística (IBGE). Mas é importante assinalar que 81% dos trabalhadores agrícolas são informais e que seus rendimentos correspondem a menos da metade dos ganhos dos outros setores da região.

A urbanização da Amazônia guarda traços semelhantes ao que ocorreu e ocorre no restante do país: processo marcado pelo apartheid urbano, ou seja, o contraste entre um centro dotado de ao menos alguns dos serviços básicos da cidadania e uma periferia dispersa cujos habitantes precisam se deslocar horas para encontrar ocupação, renda e atendimento a suas necessidades. Esse apartheid torna-se ainda mais grave quando se sabe que, em muitas dessas cidades, as regiões centrais possuem, como mencionado anteriormente, imóveis ociosos ou abandonados que poderiam se voltar às necessidades de moradia daqueles que hoje estão em regiões periféricas. São também cidades em cujo planejamento o automóvel responde por boa parte do desenho urbano. A submissão do território urbano aos interesses de investidores imobiliários é igualmente um vetor decisivo da urbanização brasileira e amazônica. A impermeabilização das cidades e o predomínio do concreto ali onde havia quintais arborizados são fatores que, agravados pelos eventos climáticos extremos, dificultam a absorção da água e favorecem inundações.

O desafio atual das soluções baseadas na natureza em áreas urbanas, como mostram os trabalhos de Cecilia Herzog (Corrêa, 2020), consiste em passar da "urbanização monofuncional", que marcou o século XX (aquela em que a preocupação central é abrir caminho para o carro ou enfrentar, por meio de engenharia, o risco de enchentes), para soluções multifuncionais. Em várias partes do mundo, as cidades passam por um processo de renaturalização: parques e ruas arborizadas para melhorar temperatura, regulação de ar e fluxo de água, espaços naturais que servem de *buffer* [amortecedor] contra enchentes, telhados verdes e muros com vegetais são apenas alguns exemplos nesse sentido.

O Núcleo da Madeira e o Instituto de Pesquisas Tecnológicas (IPT) vêm desenvolvendo trabalhos importantes para a substituição do cimento (altamente emissor de carbono) por diferentes tipos de madeiras engenheiradas que, entre outras virtudes, funcionam como sumidouros de carbono nas edificações. França e Alemanha exigem, por razões ligadas à crise climática, de 30% a 50% de madeira em suas obras construídas. O arquiteto Marcelo Aflalo, que preside o Núcleo da Madeira, mostra que a utilização da madeira da Amazônia é de muito baixa qualidade. O maior consumo de madeira amazônica ilegal ocorre na periferia das grandes cidades brasileiras. O contraste com os potenciais da madeira não só para residências, escolas, edificações administrativas, mas igualmente para pontes e estradas, é imenso. Na Áustria, conta Aflalo em comunicação pessoal, há pontes de madeira de 120 anos por onde passam caminhões pesados. As pesquisas brasileiras no tema ainda são incipientes, e na própria Amazônia elas precisam se ampliar muito. É necessário adequar técnicas e equipamentos para o correto manejo da grande diversidade de madeiras, com densidades que variam de 300 kg/m^3 até 1.200 kg/m^3. Em Santarém, por exemplo, há doze madeireiras, mas a presença de madeiras nobres, engenheiradas em edificações ou em obras públicas, é quase nula. Será fundamental localizar na Amazônia pesquisa e desenvolvimento sobre o tema, como parte decisiva da infraestrutura do desenvolvimento sustentável.

A iniciativa recente Built by Nature é uma contribuição importante. Seu ponto de partida é que o "ambiente construído" — ou seja, a infraestrutura que se materializa nos mais variados tipos de edificações — corresponde a 40% das emissões de gases causadores de efeito estufa. Só o cimento responde hoje por 8% das emissões globais — e, pelas técnicas atuais, seu uso deve aumentar 12% até 2050. Mesmo que suas técnicas produtivas permitam emissões cada vez menores, a ampliação na quantidade consumida faz com que o setor deva elevar as emissões em 4% nos próximos trinta anos, segundo trabalho da Agência Internacional de Energia (AIE, 2018). Estender o uso sustentável da madeira na infraestrutura urbana faz das construções um componente da absorção (e não das emissões) de carbono. Ao mesmo tempo, é uma visão do ambiente construído que estimula o plantio arbóreo urbano e a gestão sustentável de longo prazo de florestas voltadas à oferta de madeiras nobres, o que pode ser um fator decisivo na regeneração de áreas degradadas.

O uso sustentável da natureza em edificações urbanas não se restringe, evidentemente, às áreas metropolitanas: atinge também as cidades médias, como Marabá e Santarém, no Pará, e as centenas de sedes municipais. Em 2009, um ambicioso trabalho dirigido por Bertha Becker, Francisco de Assis Costa e Wanderley Messias da Costa para o Centro de Gestão e Estudos Estratégicos (CGEE) preconizava a formação de redes de cidades que cumpririam uma dupla função: aproveitariam os materiais da floresta para atividades econômicas baseadas em seu uso sustentável e, por aí, gerariam os incentivos para que a floresta fosse preservada em função de sua utilização. O trabalho chega a mencionar "cidades da rede da madeira" como um "cinturão de blindagem flexível em articulação com o da bioprodução". O trabalho do CGEE não via em monoculturas ou na pecuária o vetor fundamental para o crescimento dessas cidades, e sim no uso sustentável de sua biodiversidade — esse seria o componente fundamental, inclusive, do fortalecimento da integração sul-americana para a manutenção da floresta em pé sobre a base de seu aproveitamento econômico.

Além disso, as cidades da Amazônia oferecem imenso potencial de desenvolvimento sustentável sobre a base de uma economia de serviços, como já propunha o trabalho do CGEE. Por um lado, os serviços ambientais, que envolvem o fortalecimento da pesquisa científica e de sua infraestrutura, são fundamentais. Sem pesquisa científica de qualidade, os serviços ambientais prestados pela floresta dificilmente poderão ser reconhecidos. Além disso, os serviços decorrentes da riqueza cultural e paisagística da Amazônia são essenciais. Isso envolve não apenas o turismo mas a produção teatral e cinematográfica, altamente geradora de empregos de qualidade. A gastronomia também é um campo decisivo de geração de emprego e renda (Smeraldi, 2021). Serviços financeiros e jurídicos serão cada vez mais importantes em virtude da expansão dos mercados de carbono, e esses serviços precisam estar na própria Amazônia, não nas cidades onde hoje se concentram os profissionais que a eles se dedicam.

Conclusões

A crise climática, a erosão da biodiversidade e o avanço das desigualdades estão provocando mudanças fundamentais na concepção do significado e, sobretudo, dos propósitos da infraestrutura no mundo contemporâneo. Soluções baseadas na natureza, economia do cuidado, serviços voltados ao avanço do uso sustentável da biodiversidade, dispositivos que melhorem a comunicação, o transporte e a conexão de comunidades florestais e cidades integradas para o fortalecimento do uso sustentável da floresta: esses serão os componentes fundamentais da infraestrutura do século XXI, caso as sociedades contemporâneas consigam fazer emergir uma vida econômica capaz de regenerar os tecidos socioambientais que, até aqui, o crescimento tem sistematicamente destruído.

Os Objetivos do Desenvolvimento Sustentável (ODS) oferecem os fundamentos ético-normativos para essa transformação decisiva na concepção das infraestruturas contemporâneas. Eles são, entretanto, insuficientes para normatizar a execução de projetos capazes de valorizar a sociobiodiversidade e beneficiar as populações que vivem nas áreas de sua incidência e de sua influência. Ao mesmo tempo, é fundamental que a própria infraestrutura das cidades se transforme no sentido de incorporar as soluções baseadas na natureza e, no caso da Amazônia, de oferecer às sedes dos pequenos municípios, às aglomerações urbanas de tamanho médio e às áreas metropolitanas uma dinâmica econômica centrada no uso sustentável da floresta e dos rios e no aproveitamento dos inúmeros serviços que decorrem dessa relação.

Ao descrever as transformações pelas quais passa a visão sobre os propósitos da infraestrutura contemporânea, este trabalho constata o contraste entre a literatura crítica sobre as infraestruturas predominantes e planejadas para a Amazônia e a precariedade científica e técnica em torno daquelas necessárias para o uso sustentável da sociobiodiversidade e para melhorar a qualidade de vida dos que vivem nesse amplo território. As formas convencionais de crescimento econômico da região (extração predatória de madeira, garimpo ilegal, pecuária e agricultura de grãos) mostram-se não só insuficientes na geração de emprego e renda mas promotoras de destruição, desigualdades e criminalidade em larga escala. Conceber a infraestrutura fundamentalmente a partir de megaprojetos voltados à produção de energia e ao transporte de commodities é amplamente insuficiente para interromper a devastação e melhorar a qualidade de vida das populações rurais e urbanas na Amazônia.

Por isso, este trabalho procura apontar, ainda que de forma limitada e fragmentária, a urgência de que se amplie a visão sobre infraestrutura a partir de dois eixos centrais. Por um lado, aquele capaz de melhorar o uso sustentável da floresta e dos rios da Amazônia, tanto por parte de comunidades florestais como por parte de agricultores familiares ou das fazendas. Por outro lado, tendo em vista a importância das sedes municipais, das cidades médias e das metrópoles, as infraestruturas urbanas, inspiradas nas soluções baseadas na natureza, nos serviços e no fortalecimento da ciência, também têm que ser objeto de pesquisa e de propostas que façam das particularidades urbanas da Amazônia um meio de preservar a floresta, de incentivar seu uso sustentável e de gerar ocupação, emprego e renda, para que possam ser reduzidas as imensas desigualdades que hoje marcam a região.

É fundamental que a sociedade civil da Amazônia, sua comunidade científica, as empresas genuinamente interessadas no uso sustentável da floresta, os governos locais e estaduais e as agências de desenvolvimento participem ativamente da discussão e da implementação da infraestrutura da sustentabilidade na região. Essa discussão não pode se limitar aos megaprojetos. É com a força integrada desses diferentes atores que pode ser enfrentado um dos maiores desafios do nosso tempo: a emergência do desenvolvimento sobre a base do conhecimento — e não da destruição — da natureza. Pensar e propor caminhos para a infraestrutura da sustentabilidade na Amazônia é enfrentar o que talvez seja o mais importante desafio contemporâneo: melhorar as condições de vida e reduzir as desigualdades não apenas evitando a destruição mas fazendo uso e regenerando a riqueza natural da qual depende a própria vida na Terra.

Recomendações

1

Estabelecer um observatório do desenvolvimento e das infraestruturas voltadas ao uso sustentável da biodiversidade na Amazônia. Esse observatório terá um duplo olhar. Por um lado, fará um levantamento das experiências conhecidas de iniciativas econômicas ligadas às cadeias de produtos da sociobiodiversidade. Serão descritas as experiências bem-sucedidas, mas também as que não prosperaram, e será registrada a opinião dos protagonistas sobre as razões do fracasso e do sucesso. Um observatório das infraestruturas destinadas ao uso sustentável da biodiversidade na Amazônia poderá servir para a mobilização e a troca de experiências em torno de pesquisas científicas e tecnológicas voltadas a melhorar as condições de vida e as bases materiais de processamento e industrialização dos produtos. A rede que daí deve emergir vai compreender pesquisadores e utilizadores diretos dos resultados das investigações e das experiências sobre o tema, além de atores econômicos com interesse na instalação e na manutenção dos equipamentos. Conforme assinalado anteriormente, trata-se de dotar-se dos meios para que emerja uma cultura e um conjunto de procedimentos que permitam vincular o planejamento da infraestrutura à participação social voltada tanto à melhoria das condições de vida da população da Amazônia quanto à regeneração e à valorização do gigantesco potencial contido em sua sociobiodiversidade.

2

Fazer deste observatório um elemento de *diálogo com as políticas públicas de infraestrutura* para a Amazônia e de *influência sobre as decisões governamentais*, com informações comparativas referentes a custos, benefícios e processos participativos de diferentes iniciativas. Esse diálogo e o acompanhamento das políticas públicas não pode se limitar às iniciativas vindas do governo federal e aos megaprojetos. Os cuidados com a primeira infância, a formação de profissionais e a construção de equipamentos baseados em soluções locais para esse cuidado e para que as crianças recebam uma formação que faça do respeito pela floresta e por seu uso sustentável um valor que vai acompanhá-las ao longo da vida — eis as bases para que surja uma economia do cuidado na Amazônia. A atual precariedade das instalações escolares deverá ser enfrentada não só por meio de internet de qualidade mas pelo uso de materiais e tecnologias que valorizem os recursos locais.

2.1 O observatório terá a missão de estabelecer e acompanhar (coordenado com outras organizações estatais e não estatais) metas quantificáveis que permitam, em prazos determinados, melhorar os indicadores que fazem hoje da Amazônia a região mais carente do Brasil em matéria de educação, saúde, saneamento, tratamento de resíduos sólidos e violência. Ele também deverá monitorar os desafios ligados à transição energética pela qual a Amazônia deve passar: por exemplo, como gerir o descarte das baterias que vão se espalhar pela região com a necessária redução dos geradores a diesel? Da mesma forma que o Programa de Alimentação Escolar permitiu valorizar, em todo o Brasil, a oferta de produtos vindos de agricultores familiares, é fundamental, na Amazônia, interromper o ciclo de consumo de produtos ultraprocessados e apoiar a alimentação das crianças e dos jovens com base em produtos adaptados às condições locais de cada região.

2.2 É fundamental ampliar as bases sociais das infraestruturas imateriais que permitem melhorar a qualidade e a rastreabilidade da economia da sociobiodiversidade florestal. A formação de jovens nessa direção e o envolvimento dos sindicatos, das cooperativas e das associações com o tema é um dos melhores antídotos contra a cultura tão pervasiva de que a floresta é obstáculo ao crescimento econômico. Chamar as câmaras de vereadores, os clubes de diretores lojistas, as associações comerciais para compor programas de formação e de implementação de canais para fortalecer a economia da sociobiodiversidade florestal é uma das mais importantes e difíceis missões das forças sociais que lutam contra a destruição e pela melhoria das condições de vida na Amazônia.

3

Estimular a geração de ocupações e empregos urbanos vinculados a um planejamento que incentive soluções baseadas na natureza, que fortaleça serviços gastronômicos e paisagísticos apoiados na valorização da sociobiodiversidade e que faça da economia do cuidado (nas áreas de educação, saúde, saneamento e gestão de resíduos sólidos) um componente essencial das ocupações nas cidades.

4

Criar um "Sebrae da floresta" com o objetivo de formar capacidades para os desafios da economia da sociobiodiversidade florestal. É preciso lembrar que o Serviço Florestal Brasileiro foi criado com a intenção de se tornar uma "Embrapa da floresta", não somente gerindo e coordenando as ações de uso sustentável das florestas por meio de concessões (e da regularização fundiária dos territórios das comunidades vivendo da e na floresta, que antecede essas concessões) mas também fomentando tecnologias e inovações e formando capacidades para esse uso sustentável. A maioria dos estados da Amazônia também possui agências voltadas à promoção do uso de produtos florestais. Essas são as bases para uma ação articulada a fim de promover o empreendedorismo de base florestal.[5]

5

Dotar a Amazônia de internet de alta qualidade é uma das mais importantes premissas para seu desenvolvimento sustentável e, especialmente, para o fortalecimento da economia da sociobiodiversidade florestal. As inovações no campo da educação a distância e dos cuidados preventivos com a saúde apoiam-se em conexão de boa qualidade. Mas é importante ter em mente as funções econômicas da internet de qualidade. Na Universidade Federal do Amazonas (Ufam) localiza-se um centro de pesquisa em tecnologias da informação e da comunicação de alto prestígio internacional. Os conhecimentos científicos e tecnológicos já existentes na Amazônia podem ser de imensa utilidade para melhorar o rastreamento dos produtos da sociobiodiversidade, para melhorar as condições de sua comercialização e para a descoberta de aplicações cosméticas, farmacêuticas, energéticas e de novos materiais no uso da sociobiodiversidade. A alimentação contemporânea é e será cada vez mais demandante de produtos da sociobiodiversidade florestal (Smeraldi & Santos, 2021) e sua certificação só é possível se os responsáveis por sua produção, beneficiamento e comercialização tiverem conexão de boa qualidade.

---

5 Agradeço essas sugestões feitas por Marina Silva.

6

Introduzir nas escolas de engenharia uma formação específica voltada às soluções baseadas na natureza e estimular pesquisas para a aplicação dessas soluções a problemas de gestão de territórios florestais, rurais e urbanos, especialmente na Amazônia.

6.1 Estimular a presença de *organizações não governamentais brasileiras no movimento global* FAST-*-Infra*, com o objetivo de incluir infraestruturas não convencionais, especialmente as adequadas às florestas tropicais, no rol de tecnologias a serem desenvolvidas e projetos a serem certificados. A obtenção de certificações pode se tornar um importante trunfo na difusão e no financiamento de infraestruturas voltadas ao desenvolvimento sustentável.

6.2 Estimular que *escritórios de engenharia, de arquitetura, construtoras e planejadores* incluam na formação de seus técnicos cursos e estágios em soluções baseadas na natureza.

6.3 Incluir nos cursos de agronomia e engenharia florestal o estudo de diferentes dimensões da floresta tropical, sobretudo das técnicas necessárias para acelerar sua regeneração.

6.4 Introduzir nos currículos escolares da Amazônia, em todos os níveis, disciplinas que mostrem as funções ecossistêmicas da floresta e as nefastas consequências de sua destruição.

Agradecimentos

Este trabalho não teria sido possível sem as entrevistas que fiz com pesquisadores, ativistas, técnicos e pensadores sobre a Amazônia. Vários colegas e amigos leram as primeiras versões do texto e ajudaram a corrigir seus erros. Como de praxe, os equívocos remanescentes são de minha total responsabilidade.

Cada uma das pessoas aqui mencionadas tem contribuído decisivamente para que o Brasil e o mundo possam ser beneficiados pela melhor qualidade de vida que uma infraestrutura voltada às necessidades das pessoas e de suas iniciativas trará para a Amazônia. Tive o privilégio de dialogar com Marcelo Aflalo, Danicley Aguiar, Pedro Bara, Rafael Feltran Barbieri, Ana Cristina Barros, Pedro Silva Barros, Thábata Benitz, Arthur Bragança, Marcello Britto, Guilherme Castagna, Salo Coslovsky, André Ferreira, Daniela Gomes, Cecília Herzog, Simão Jatene, Vanderley John, Sérgio Leitão, Daniela Lerda, Toya Manchineri, Pedro Henrique Mariosa, Rogério Rego Miranda, Kristina McNeef, Jeferson Nascimento, Nathália Cristina Costa do Nascimento, Marcelo Ribeiro

Padinha, Raoni Rajão, Adriana Ramos, Juarez Rikbatsa, Edmilson Rodrigues, Eduardo Roxo, João Moreira Salles, Márcio Santilli, Tiago Santos, Caetano Scanavinno, Roberto Schaeffer, Tatiana Schor, Hugo Rogério Hage Serra, Marina Silva, Ricardo Gilson da Costa Silva, Eudes André Leopoldo de Souza, Philip Yang e Tiago Veloso.

O GT-Infra Justiça Socioambiental organizou rodas de conversas nas quais aprendi muito. Menciono então seus participantes e as organizações onde atuam: Dion Monteiro (Movimento Xingu Vivo), Iremar Antonio Ferreira (Instituto Madeira Vivo e Fórum de Mudanças Climáticas e Justiça Socioambiental), Isabel Cristina da Silva (Movimento pela Soberania Popular na Mineração), Jefferson Nascimento (Movimento dos Atingidos por Barragens), Joaquim Belo (Conselho Nacional das Comunidades Extrativistas), Juarez Rikbatsa, Johnson Portela (Movimento Tapajós Vivo), Toya Manchineri (Coiab), Valdeir Souza (MST-MT), Marcelo Munduruku.

Também não posso deixar de agradecer o apoio que recebi do GT-Infra Justiça Socioambiental, tanto na leitura cuidadosa do manuscrito como na organização de reuniões muito férteis com atores de diferentes locais da Amazônia. Pude me beneficiar também do trabalho de divulgação que Alexandre Mansur e Angélica Queiroz levam adiante, na defesa da Amazônia e das populações que lá vivem. Sem a ajuda de Sérgio Guimarães e João Andrade, tanto na leitura como na organização de encontros voltados a discutir os desafios da relação entre infraestrutura e justiça socioambiental, eu não poderia ter escrito este livro.

Referências

ABRAMOVAY, Ricardo. *Amazônia: por uma economia do conhecimento da natureza*. São Paulo: Elefante / Outras Palavras / Terceira Via, 2019.

ABRAMOVAY, Ricardo. *Paradigmas do capitalismo agrário em questão*. São Paulo: Edusp, 2007.

ABRAMOVAY, Ricardo. "Prefácio". *In*: VILLAS-BÔAS, André *et al.* (org). *Xingu: histórias dos produtos da floresta*. São Paulo: Instituto Socioambiental, 2017, p. 7-12. Disponível em: http://www.fundoamazonia.gov.br/export/sites/default/pt/.galleries/documentos/acervo-projetos-cartilhas-outros/ISA-Sociobiodiversidade-Xingu-historia-produtos-floresta.pdf.

ABRAMOVAY, Ricardo *et al.* "Uma nova bioeconomia na Amazônia: Oportunidades e desafios para florestas e rios saudáveis", Painel Científico para a Amazônia, 2021. Disponível em: https://www.aamazoniaquequeremos.org/wp-content/uploads/2022/02/Chapter-30-in-Brief-PT.pdf.

AIE. *Technology Roadmap — Low-Carbon Transition in the Cement Industry*. Paris: Agência Internacional de Energia, 2018. Disponível em: https://www.iea.org/reports/technology-roadmap-low-carbon-transition-in-the-cement-industry.

AIE. *The Oil and Gas Industry in Energy Transitions*. Paris: Agência Internacional de Energia, 2020. Disponível em: https://www.iea.org/reports/the-oil-and-gas-industry-in-energy-transitions.

ALFENAS, Flávia; CAVALCANTI, Francisco & GONZAGA, Gustavo. "Dinamismo de Emprego e Renda na Amazônia Legal: Agropecuária", *Amazônia 2030*, 2021. Disponível em: https://amazonia2030.org.br/wp-content/uploads/2021/09/AMZ-2030-Nota-Dinamismo-Economico-Agropecuaria-10.pdf.

ANSAR, Atif; FLYVBJERG, Bent; BUDZIER, Alexander & LUNN, Daniel. "Should we build more large dams? The actual costs of hydropower megaproject development", *Energy Policy*, v. 69, p. 43-56, jun. 2014. Disponível em: https://www.sciencedirect.com/science/article/abs/pii/S0301421513010926.

ARTMANN, Martina; SPECHT, Kathrin; VÁVRA, Jan & ROMMEL, Marius. "Introduction to the Special Issue 'A Systemic Perspective on Urban Food Supply: Assessing Different Types of Urban Agriculture'", *Sustainability*, v. 13, n. 7, 30 mar. 2021. Disponível em: https://www.mdpi.com/journal/sustainability/special_issues/urban_food_urban_agriculture.

ASSAD, Eduardo; VECCHIA, Pelerson; STRUMPF, Roberto & MARTINS, Susian. "A produção agrícola brasileira pode ser sustentável?", *Agroanalysis*, v. 39, n. 9, p. 27-8, set. 2019. Disponível em: https://bibliotecadigital.fgv.br/ojs/index.php/agroanalysis/article/view/80250/76689.

AYRES, Robert. "Sustainability economics: Where do we stand?", *Ecological Economics*, v. 67, n. 2, p. 281-310, set. 2008. Disponível em: https://www.sciencedirect.com/science/article/abs/pii/S0921800907006088.

BARA, Pedro. "Potencial produtivo de comunidades remotas na Amazônia a partir do acesso à energia elétrica. Brasil 2021", *WWF*, 2021. Disponível em: https://wwfbr.awsassets.panda.org/downloads/estudo_abordagemterritorial_final_v2.pdf.

BARROS, Ana Cristina. "Retratos Temáticos — Infraestrutura", *Uma Concertação pela Amazônia*. Disponível em: https://concertacaoamazonia.com.br/?jet_download=7260.

BEBBINGTON, Anthony *et al.* "Opinion: Priorities for governing large-
-scale infrastructure in the tropics", *Proceedings of the National
Academy of Sciences*, v. 117, n. 36, p. 21829-33, set. 2020. Disponível
em: https://doi.org/10.1073/pnas.2015636117/.

BECKER, Bertha. "Por uma economia baseada no conhecimento
da natureza. Entrevista especial com Bertha Becker", *Instituto
Humanitas Unisinos*, 23 jun. 2010. Disponível em: https://www.
ecodebate.com.br/2010/06/23/por-uma-economia-baseada-no-
conhecimento-da-natureza-entrevista-com-bertha-becker/.

BHATTACHARYA, Amar *et al.* "Aligning G20 Infrastructure Investment
with Climate Goals and the 2030 Agenda", *Foundations 20
Platform, a report to the G20*, 2019a. Disponível em: https://www.
foundations-20.org/wp-content/uploads/2019/06/F20-report-to-
the-G20-2019_Infrastrucutre-Investment.pdf.

BHATTACHARYA, Amar *et al.* "Attributes and Framework for Sustainable
Infrastructure", *IDB Technical Note*, n. 1653, 2019b. Disponível
em: https://publications.iadb.org/publications/english/
document/Attributes_and_Framework_for_Sustainable_
Infrastructure_en_en.pdf.

BID. "Establecimiento del Programa Estratégico Semilla/Transitorio
para el Desarrollo Sostenible da la Amazonía Financiado com
Capital Ordinario. Propuesta", mar. 2021.

BID. "What is Sustainable Infrastructure? A Framework to Guide
Sustainability Across the Project Cycle", *IDB Technical Note*, n. 1388, 2018.
Disponível em: https://publications.iadb.org/en/what-sustainable-
infrastructure-framework-guide-sustainability-across-project-cycle.

BRAGANÇA, M. & MORAIS, M. "Redefinindo Prioridades dos Planos de
Infraestrutura no Estado do Pará". Climate Policy Initiative, 2022.
Disponível em: https://www.climatepolicyinitiative.org/wp-
content/uploads/2022/04/Redefinindo-Prioridades-dos-Planos-de-
Infraestrutura-no-Estado-do-Para.pdf.

BRIDGES, Todd *et al.* (ed.). *International Guidelines on Natural and
Nature-Based Features for Flood Risk Management*. Vicksburg, MS:
U.S. Army Engineer Research and Development Center, 2021.

BRONDIZIO, Eduardo. "The Elephant in the Room: Amazonian Cities Deserve More Attention in Climate Change and Sustainability Discussions", *The Nature of Cities*, 2 fev. 2016. Disponível em: https://www.thenatureofcities.com/2016/02/02/the-elephant-in-the-room-amazonian-cities-deserve-more-attention-in-climate-change-and-sustainability-discussions/.

BRONDIZIO, Eduardo *et al*. "Making place-based sustainability initiatives visible in the Brazilian Amazon", *Current Opinion in Environmental Sustainability*, v. 49, p. 66-78, abr. 2021. Disponível em: https://doi.org/10.1016/j.cosust.2021.03.007.

CARSON, Rachel. *Silent Spring*. Boston: Houghton Mifflin Co., 1962.

CAVALLO, Eduardo; POWELL, Andrew & SEREBRISKY, Tomás (ed.). *De estruturas a serviços: o caminho para uma melhor infraestrutura na América Latina e no Caribe*. [S. l.]: IDB, 2020. Disponível em: https://flagships.iadb.org/pt/DIA2020/de-estruturas-a-servicos.

CGEE. *Um projeto para a Amazônia no século 21: desafios e contribuições*. Brasília: Centro de Gestão e Estudos Estratégicos, 2009. Disponível em: https://www.cgee.org.br/documents/10182/734063/12Publica%C3%A7%C3%A3o_Amazonia_final3_COMPLETO2_6415.pdf.

CLEMENT, Charles *et al*. "The domestication of Amazonia before European conquest", *Proc. R. Soc. B*, v. 282, n. 1812, 2015. Disponível em: http://dx.doi.org/10.1098/rspb.2015.0813.

COHEN-SHACHAM, Emmanuelle; WALTERS, Gretchen; JANZEN, Christine & MAGINNIS, Stewart. *Nature-based Solutions to address global societal challenges*. Gland: IUCN, 2016. Disponível em: https://portals.iucn.org/library/node/46191.

CONEXSUS. *Negócios pela Terra. Inteligência de mercado para empreendimentos comunitários*. Belém: Conexsus, 2020. Disponível em: https://www.conexsus.org/website/wp-content/uploads/2020/11/negocios-pela-terra-inteligencia-de-mercado-para-negocios-comunitarios.pdf.

CORRÊA, Fernando. " Soluções baseadas na natureza podem tornar infraestruturas urbanas mais verdes e resilientes", *WRI Brasil*, 4 jun. 2020. Disponível em: https://wribrasil.org.br/pt/blog/2020/06/solucoes-baseadas-na-natureza-podem-tornar-infraestruturas-urbanas-verdes-e-resilientes.

COSLOVSKY, Salo. "Oportunidades para Exportação de Produtos Compatíveis com a Floresta na Amazônia Brasileira", *Amazônia 2030*, abr. 2021. Disponível em: https://amazonia2030.org.br/wp-content/uploads/2021/04/AMZ2030-Oportunidades-para-Exportacao-de-Produtos-Compativeis-com-a-Floresta-na-Amazonia-Brasileira-1-2.pdf.

CRUZ, Ricardo. "Geração de eletricidade com turbina hidrocinética na Amazônia: o caso da comunidade de São Sebastião". *In*: ENCONTRO DE ENERGIA NO MEIO RURAL, 3, 2000, Campinas. *Anais* [...]. Campinas: Unicamp, 2003. Disponível em: http://www.proceedings.scielo.br/scielo.php?script=sci_arttext&pid=MSC0000000022000000200040&lng=en&nrm=abn.

CRUZ, Tássia & PORTELLA, Juliana. "A Educação na Amazônia Legal. Diagnóstico e Pontos Críticos", *Amazônia 2030*, dez. 2021. Disponível em: https://amazonia2030.org.br/wp-content/uploads/2021/12/AMZ2030-A-Educacao-na-Amazonia-Legal.pdf.

DASGUPTA, Partha. *The Economics of Biodiversity: The Dasgupta Review*. London: HM Treasury, 2021. Disponível em: https://assets.publishing.service.gov.uk/government/uploads/system/uploads/attachment_data/file/962785/The_Economics_of_Biodiversity_The_Dasgupta_Review_Full_Report.pdf.

DIAS, Hérika. "Tecnologia permite a fabricação de gelo por meio da luz solar", *Agência USP de Notícias*, 28 set. 2015. Disponível em: http://www.usp.br/agen/?p=221165.

FERRO, Alfredo *et al. ¿Por que fracasan la mayoría de los proyectos sócio-económico productivos em la triple frontera amazónica: Brasil, Colombia, Perú?* Colômbia: Bubok Publishing S. L., 2018. Disponível em: http://desarrollo-alternativo.org/wp-content/uploads/2019/03/SistematizacionPanamazonia.pdf.

FLACH, Rafaela *et al.* "Conserving the Cerrado and Amazon biomes of Brazil protects the soy economy from damaging warming", *World Development*, v. 146, out. 2021. Disponível em: https://www.sciencedirect.com/science/article/pii/S0305750X21001972.

FRANCIOSI, Eduardo. *Modelagem de sistema agroflorestal de babaçu e mandioca na Mata dos Cocais*. 2022. Dissertação (Mestrado em Economia). Fundação Getúlio Vargas, São Paulo, 2022.

FRISCHMANN, Brett. *Infrastructure. The Social Value of Shared Resources*. Nova York: Oxford University Press, 2012.

FRISCHTAK, Cláudio; HECKSHER, Marcos; DINIZ, Gabriela & LOBO, Marina. *Impacto econômico e social da paralisação das obras públicas*. Brasília: CBIC, 2018. Disponível em: https://cbic.org.br/wp-content/uploads/2018/06/Impacto_Economico_das_Obras_Paralisadas.pdf.

FÜCKS, Ralf. *Green Growth, Smart Growth. A New Approach to Ecoomics, Innovation and the Environment*. Londres: Anthem Press, 2015.

GEORGESCU-ROEGEN, Nicholas. "Energy and Economic Myths", *Southern Economic Journal*, v. 41, n. 3, p. 347-81, 1975. Disponível em: http://www.jstor.org/stable/1056148?origin=JSTOR-pdf.

GONÇALVES, Carmo; POSSAMAL, Osmar & PINHO Jr., Antonio. "Metodologias para a implantação de turbinas hidrocinéticas na Amazônia". *In*: SEMINÁRIO NACIONAL DE PRODUÇÃO E TRANSMISSÃO DE ENERGIA ELÉTRICA, 20, 2009, Recife. *Anais* [...]. [S. l.]: [s. n.], 2009. Disponível em: https://www.cgti.org.br/publicacoes/wp-content/uploads/2016/03/metodologias-para-a-implanta%c3%87%c3%83o-de-turbinas-hidrocin%c3%89ticas-na-amaz%c3%94nia.pdf.

GRAMCOW, Camila. "O Big Push Ambiental no Brasil. Investimentos coordenados para um estilo de desenvolvimento sustentável", *Perspectivas*, v. 20, mar. 2019. Disponível em: https://www.cepal.org/pt-br/publicaciones/44506-o-big-push-ambiental-brasil-investimentos-coordenados-estilo-desenvolvimento.

GUERRA, Edson & FUCHS, Werner. "Biocombustível renovável: uso de óleo vegetal em motores", *Rev. Acad. Ciênc. Agrár. Ambient.*, v. 8, n. 1, p. 103-12, jan./mar. 2010. Disponível em: https://www.researchgate.net/publication/321284545_Biocombustivel_renovavel_uso_de_oleo_vegetal_em_motores.

HERRERO, Thaís. "Energia solar, o gelo e o açaí conectam comunidades da Amazônia", *Greenpeace*, 28 out. 2019. Disponível em: https://www.greenpeace.org/brasil/blog/energia-solar-o-gelo-e-o-acai-conectam-comunidades-da-amazonia/.

HERZOG, Cecilia; FREITAS, Tiago & WIEDMAN, Guilherme (org.). *Soluções Baseadas na Natureza e os Desafios da Água. Acelerando a transição para cidades mais sustentáveis*. Bruxelas: Comissão Europeia, 2020. https://

op.europa.eu/en/publication-detail/-/publication/ca791687-7fee-11ec-8c40-01aa75ed71a1/language-en/format-PDF/source-249996638.

IDEC & ISA. *Exclusão Energética e Resiliência dos Povos da Amazônia Legal. Relatório para discussão*. São Paulo: Instituto Brasileiro de Defesa do Consumidor, 2021. Disponível em: https://idec.org.br/sites/default/files/af-energy-exclusion-amazon-11-05-ptbr-1.pdf.

IEMA. "Municípios da região Norte são os maiores emissores do Brasil", 16 abr. 2021. Disponível em: https://energiaeambiente.org.br/municipios-da-regiao-norte-sao-os-maiores-emissores-do-brasil-20210416.

IMPACTO PLUS. "Diagnóstico Territorial de Cadeias Produtivas. Mapeamento e desenvolvimento", 2021.

INOVAÇÃO TECNOLÓGICA. "Energia hidrocinética gera eletricidade sem represar os rios", 1º jun. 2021. Disponível em: https://www.inovacaotecnologica.com.br/noticias/noticia.php?artigo=energia-hidrocinetica-gera-energia-sem-represar-rios&id=010115210601#.YWBHChDMKqB.

INSTITUTO SOCIOAMBIENTAL. "Desmatamento nos territórios com povos indígenas isolados bate recorde em março e cresce 776%", 13 maio 2021. Disponível em: https://www.socioambiental.org/pt-br/noticias-socioambientais/desmatamento-nos-territorios-com-povos-indigenas-isolados-bate-recorde-em-marco-e-cresce-776.

IPBES. *Summary for policymakers of the global assessment report on biodiversity and ecosystem services of the Intergovernmental Science-Policy Platform on Biodiversity and Ecosystem Services*. Bohn: IPBES, 2019. Disponível em: https://ipbes.net/global-assessment.

IPCC. *Climate Change 2021: The Physical Science Basis. Contribution of Working Group I to the Sixth Assessment Report of the Intergovernmental Panel on Climate Change*. Cambridge: Cambridge University Press, 2021. Disponível em: https://www.ipcc.ch/report/ar6/wg1/.

KABISCH, Nadja; KORN, Horst; STADLER, Jutta & BONN, Aletta (ed.). *Nature-based Solutions to Climate Change Adaptation in Urban Areas. Linkages between Science, Policy and Practice*. Cham: Springer Open, 2017.

KRAHÉ, M. *From System-Level to Investment-Level Sustainability. An epistemological one-way street.* Bruxelas: Académie Royale des Sciences, des Lettres et des Beaux-Arts de Belgique, 2021. Disponível em: https://www.academieroyale.be/Academie/documents/Opinio_SFPI_numerique31253.pdf.

LIMA, Jéssica & PENTEADO, Mito. *Biogás na Amazônia: energia para mover a bioeconomia.* São Paulo: Instituto Escolhas, 2020. Disponível em: https://www.escolhas.org/wp-content/uploads/2020/12/Biog%C3%A1s-na-Amaz%C3%B4nia-energia-para-mover-a-bieconomia.pdf.

MCDONOUGH, William & BRAUNGART, Michael. *The Upcycle: Beyond Sustainability — Designing for Abundance.* Nova York: McMillan, 2013.

MEDEIROS, Rodrigo & YOUNG, Carlos (ed.). *Contribuição das Unidades de Conservação brasileiras para a economia nacional. Relatório final.* Brasília: UNEP / WCMC, 2011. Disponível em: https://www.researchgate.net/publication/262486661_CONTRIBUICAO_DAS_UNIDADES_DE_CONSERVACAO_BRASILEIRAS_PARA_A_ECONOMIA_NACIONAL_RELATORIO_FINAL.

MINISTÉRIO DO DESENVOLVIMENTO REGIONAL/SUDAM. *Zona de Desenvolvimento Sustentável dos Estados do Amazonas, Acre e Rondônia 2021-2027: documento referencial.* Belém. Mimeo, 2021.

OECD. "De-risking Institutional Investment in Green Infrastructure: 2021 Progress Update", *OECD Environment Policy Paper*, 28, 2021. Disponível em: https://www.oecd.org/greengrowth/de-risking-institutional-investment-in-green-infrastructure-357c027e-en.htm.

OVIEDO, Antonio; AUGUSTO, Cícero & LIMA, William. "Conexões entre o CAR, desmatamento e o roubo de terras em áreas protegidas e florestas públicas", *Nota técnica ISA*, 12 maio 2021. Disponível em: https://www.socioambiental.org/sites/blog.socioambiental.org/files/nsa/arquivos/nt_isa_conexoes_car_desmatamento_grilagem.pdf.

OXFORD ECONOMICS & GLOBAL INFRASTRUCTURE HUB. "Global Infrastructure Outlook. Infrastructure investment needs 50 countries, 7 sectors to 2040", 2017. Disponível em: https://cdn.gihub.org/outlook/live/methodology/Global+Infrastructure+Outlook+-+July+2017.pdf.

PAES DE BARROS, Ricardo & HENRIQUES, Ricardo. "Educação precisa de urgente inovação nas políticas públicas", *Valor Econômico*, 7 jul. 2021. Disponível em: https://valor.globo.com/opiniao/coluna/educacao-precisa-de-urgente-inovacao-nas-politicas-publicas.ghtml.

PARLAPIANO, Alicia. "Biden's $4 Trillion Economic Plan, in One Chart", *The New York Times*, 28 abr. 2021. Disponível em: https://www.nytimes.com/2021/04/28/upshot/biden-families-plan-american-rescue-infrastructure.html.

PINTO, Daniela; MONZONI NETO, Mário & ANG, Hector. *Grandes obras na Amazônia: aprendizados e diretrizes*. 2 ed. São Paulo: FGV-EAESP/FGVces, 2018. Disponível em: http://diretrizes-grandesobras.gvces.com.br/wp-content/uploads/2017/08/grandeso brasdaamazonia_documentocompleto2018_final.pdf.

POSTIGO, Augusto; STRAATMANN, Jeferson & SALAZAR, Marcelo. "Cantinas e capital de giro coletivo". In: VILLAS-BÔAS, André *et al.* (org). *Xingu: histórias dos produtos da floresta*. São Paulo: Instituto Socioambiental, 2017, p. 333-64. Disponível em: http://www.fundoamazonia.gov.br/export/sites/default/pt/.galleries/documentos/acervo-projetos-cartilhas-outros/ISA-Sociobiodiversidade-Xingu-historia-produtos-floresta.pdf.

RAJÃO, Raoni; FERNANDES JÚNIOR, José & MELO, Lidiane. *Grandes obras de infraestrutura e o risco de corrupção e inviabilidade econômica: uma análise exploratória*. Belo Horizonte: Centro de Inteligência Territorial, 2020. Disponível em: http://www.lagesa.org/wp-content/uploads/documents/Rajao%20et%20al%2021_TCU_Viabilidade-em-foco.pdf.

ROCKSTRÖM, Johan & SUKHDEV, Pavan. "How food connects all the SDGs", *Stockholm Resilience Centre/Stockholm University*, 14 jun. 2016. Disponível em: https://www.stockholmresilience.org/research/research-news/2016-06-14-how-food-connects-all-the-sdgs.html.

SALLES, João Moreira. "Arrabalde: Parte II — Sete Bois em Linha", *Dossiê Piauí*, ed. 171, dez. 2020. Disponível em: https://piaui.folha.uol.com.br/materia/arrabalde-parte-ii/.

SEN, Amartya. *Desenvolvimento como liberdade*. Trad. Laura Teixeira Motta. São Paulo: Companhia das Letras, 2010.

SEN, Amartya. "The ends and means of sustainability", *Journal of Human Development and Capabilities*, v. 14, n. 1, p. 6-20, 2013. Disponível em: https://www.researchgate.net/publication/271936188_The_Ends_and_Means_of_Sustainability.

SILVA BARROS, Pedro *et al. Corredor bioceânico de Mato Grosso do Sul ao Pacífico: Produção e comércio na rota da integração sul-americana*. Campo Grande: UEMS / Brasília: IPEA, 2020. Disponível em: https://www.ipea.gov.br/portal/index.php?option=com_content&view=article&id=37931&Itemid=457.

SILVA BARROS, Pedro; SEVERO, Luciano; SILVA, Cristóvão & CARNEIRO, Helliton. *A ponte do Abunã e a integração da AMACRO ao Pacífico*. Brasília: Ipea, 2021 (Nota Técnica, n. 35). Disponível em: https://www.ipea.gov.br/portal/index.php?option=com_content&view=article&id=37951&Itemid=457.

SMERALDI, Roberto & SANTOS, Manuele. "Cacau Fino ou Commodity: Opções para a Amazônia", *Amazônia 2030*, nov. 2021. Disponível em: https://amazonia2030.org.br/wp-content/uploads/2021/11/Minipaper-Cacau-fino-ou-commodity-4_11-1.pdf.

SMERALDI, Roberto. "Conhecendo o Sistema Comida na Amazônia", *Amazônia 2030*, out. 2021. Disponível em: https://amazonia2030.org.br/wp-content/uploads/2021/10/Smeraldi-Sistema-comida-05.10.pdf.

THE GLOBAL COMMISSION ON THE ECONOMY AND CLIMATE. *The Sustainable Infrastructure Imperative. Financing for Better Growth and Development. The New Climate Economy Report*. 2016. Disponível em: http://newclimateeconomy.report/2016/wp-content/uploads/sites/4/2014/08/NCE_2016Report.pdf.

THE GLOBAL COMMISSION ON THE ECONOMY AND CLIMATE. *Better Growth, Better Climate. The New Climate Economy Report. The Synthesis Report*. 2014. Disponível em: http://newclimateeconomy.report/2016/wp-content/uploads/sites/2/2014/08/BetterGrowth-BetterClimate_NCE_Synthesis-Report_web.pdf.

THE SHIFT PROJECT / INSA. *Manifeste. Former l'ingénieur du XXIe siècle*. 2022. Disponível em: https://theshiftproject.org/wp-content/uploads/2022/03/TSP_Ingenieurs_Manifeste_exe_20220309.pdf.

UNEP. *Catalysing Science-based Policy action on Sustainable Consumption and Production — The value-chain approach & its application to food, construction and textiles*. Nairobi: United Nations Environment Programme, 2021. Disponível em: https://www.resourcepanel.org/reports/catalysing-science-based-policy-action-sustainable-consumption-and-production.

VEN, Johannes van de. "Plano do Corredor Energético Arco Norte: sonho desenvolvimentista ou pesadelo ambiental?", *Plenamata*, 2 fev. 2022. Disponível em: https://plenamata.eco/2022/02/02/plano-do-corredor-energetico-arco-norte-sonho-desenvolvimentista-ou-pesadelo-ambiental/.

VILELA, Thais *et al.* "A better Amazon road network for people and the environment", *Proceedings of the National Academy of Sciences*, v. 117, n. 13, p. 7095-102, mar. 2020. Disponível em: https://www.pnas.org/doi/abs/10.1073/pnas.1910853117.

VILLELA, Felipe. "reNature generates first Agroforestry carbon credits in Brazil with Rabobank", *reNature*, 19 ago. 2021. Disponível em: https://www.renature.co/articles/renature-generates-first-agroforestry-carbon-credits-in-brazil-with-rabobank/.

WATANABE, Phillippe. "Avanço de destruição no coração da Amazônia preocupa pesquisadores", *Folha de S. Paulo*, 13 set. 2021. Disponível em: https://www1.folha.uol.com.br/ambiente/2021/09/avanco-de-destruicao-no-coracao-da-amazonia-preocupa-pesquisadores.shtml.

WENZEL, Fernanda & SÁ, Marcio. "Amazonas, Acre e Rondônia querem o seu próprio Matopiba", *O Eco*, 8 mar. 2020. Disponível em: https://oeco.org.br/reportagens/amazonas-acre-e-rondonia-querem-o-seu-proprio-matopiba/.

WEST, Geoffrey. *Scale. The Universal Laws of Life, Growth, and Death in Organisms, Cities, and Companies*. New York: Penguin, 2017.

WTT & COI. *Futuros do bioplástico têm raízes na Amazônia*. [S. l.]: World-Transforming Technologies / Centro de Orquestração de Inovações, 2021. Disponível em: https://wttventures.net/futurosdobioplastico/.

Divulgação

Ricardo Abramovay é professor sênior do Instituto de Energia e Meio Ambiente da Universidade de São Paulo (USP). Fez sua carreira acadêmica na Faculdade de Economia, Administração e Contabilidade da USP, da qual tornou-se professor titular em 2001. É autor ou coautor de vários livros, entre os quais *Amazônia: por uma economia do conhecimento da natureza* (Elefante, 2019), *Paradigmas do capitalismo agrário em questão* (Edusp, 2007) e *Muito além da economia verde* (Planeta Sustentável, 2012). Formado em filosofia pela Universidade de Paris Nanterre, é mestre em ciência política pela USP e doutor em ciências sociais pela Universidade Estadual de Campinas (Unicamp). É coautor líder do capítulo sobre bioeconomia do Painel Científico para a Amazônia.

A publicação deste livro
contou com o apoio do

[cc] Editora Elefante, 2022

Esta obra pode ser livremente compartilhada, copiada, distribuída e transmitida, desde que as autorias sejam citadas e não se faça uso comercial ou institucional de seu conteúdo.

Primeira edição, junho de 2022
São Paulo, Brasil

Dados Internacionais de Catalogação na Publicação (CIP)
Angélica Ilacqua CRB-8/7057

Abramovay, Ricardo
  Infraestrutura para o desenvolvimento sustentável da Amazônia / Ricardo Abramovay — São Paulo : Elefante, 2022.
  112 p.

ISBN 978-65-87235-91-2

1. Sustentabilidade e meio ambiente — Amazônia 2. Biodiversidade — Conservação — Amazônia 3. Crise ambiental — Brasil I. Título

22-1950   CDD 333.751309811

Índices para catálogo sistemático:
1. Sustentabilidade e meio ambiente — Amazônia

EDITORA ELEFANTE
editoraelefante.com.br
editoraelefante@gmail.com
fb.com/editoraelefante
@editoraelefante

Sol Elster [comercial]
Samanta Marinho [financeiro]
Isadora Attab [redes]
Maria Spector [mídia]

FONTE GT Walsheim & CapitoliumNews
PAPEL Cartão 250 g/m² & Ivory cold 65 g/m²
IMPRESSÃO BMF Gráfica